U0241313

福建省地方农作物种质资源图鉴

余文权 等 编著

中国农业出版社
北京

序
Preface

　　习近平总书记对粮食安全、种业创新高度重视，多次强调，粮食安全是"国之大者"，种源安全关系到国家安全，必须下决心把我国种业搞上去，实现种业科技自立自强、种源自主可控。2018年4月，习近平总书记考察海南南繁基地时，还向我问起福建省农业科学院种业创新的情况，至今让我深深感动。一粒小小的种子，关乎百姓"米袋子""菜篮子""油瓶子""肉案子""果盘子"，要实现总书记提出的"中国人的饭碗牢牢端在自己手中"，就必须"把种子牢牢攥在自己手里"。

　　福建是中国农作物的重要起源中心。在距今5 000多年前，以闽江流域为主要活动区域的先民就有了原始农业活动，几千年来劳动人民的精耕细作和多样的地形，丰富了全省农作物的种质资源。据不完全统计，全省植物种类就有4 500种以上。加强农作物种质资源收集、保护、开发与利用，努力做强福建"农业芯"，有利于助推特色现代农业高质量发展，为食物安全筑牢种业基石。

　　种质资源收集与保存，是一项功在当代、利在千秋的基础性工作。根据农业部的统一部署，2017年起福建省开展"第三次全国农作物种质资源普查与收集行动"（以下简称"行动"），福建省农业科学院是这次行动的牵头实施单位，在各有关单位的积极配合和广大科技人员的辛勤努力下，超额完成了农业部下达福建省的目标任务，向国家种质资源库（圃）移交4 377份收集到的资源样本实物和资源数据信息，成绩值得肯定。

　　福建省委省政府高度重视种源收集保存工作，拨出专项资金支持福建省农业科学院建设福建省农业生物种质资源库，建成后可保存各类种质资源50万份以上，保存周期达10～20年，必将极大地提升全省农业种质资源保护与利用条件和能力。

余文权同志主编的《福建省地方农作物种质资源图鉴》，是继《福建省农作物种质资源普查、收集与利用报告》《福建省优异农作物种质资源图鉴》之后又一本大作。该书汇总了福建省农业科学院在此次"行动"中调查收集到的粮食作物、蔬菜、果树、经济作物、牧草绿肥等5大类419份具有代表性的优异种质资源，记载了各类作物种的中文名、拉丁名，描述了品种的植株和种子形态特征、采集地点及经纬度等，也说明了资源分布范围、主要特征特性、农民认知、利用价值及濒危状况，为种质资源保护、鉴定评价、开发利用提供了丰富的基础材料，为作物遗传与改良育种研究者提供了十分有益的参考。

希望农作物育种界的全体同仁继续加强对全省各类农作物种质资源的收集工作，发掘优良基因，加强种质资源鉴定评价和利用，为加快突破性新品种培育、保障粮食安全和提升种业国际竞争力提供更加有力的支撑。

是为序。

中国科学院院士 谢华安

2023年11月10日

前 言

Foreword

为了贯彻落实《全国农作物种质资源保护与利用中长期发展规划（2015—2030年)》，2015年7月农业部组织开展了"第三次全国农作物种质资源普查与收集行动"。根据统一安排，福建省于2017年4月启动实施了此项"行动"。福建省农业科学院作为福建省"第三次全国农作物种质资源普查与收集行动"的主要牵头单位，在当地党委、政府的大力支持与精心组织下，福建省坚持"普查与保护同步进行，收集与鉴定同步推进，保护与利用同步推动"，此项工作取得重大进展，超额完成目标任务。

全省共征集和收集种质资源4 377份。其中，74个普查县（市、区）征集种质资源2 185份，22个调查县（市、区）抢救性收集种质资源2 192份，发现了一批具有显著地域特色和重要价值的优异种质资源，例如在南靖县发现的"南靖柴蕉"、在屏南县发现的古老山药品种"棒桩薯"以及在尤溪县发现的百年"尤溪老树金柑"，分别被认定为2018年、2019年和2022年全国种质资源普查与收集十大优异资源。这些优异种质资源在打造地方特色产业、发展品牌农业、助力乡村振兴等方面必将发挥重要作用。

本书选取并汇总了福建省农业科学院在此次"行动"中调查收集到的419份具有代表性的种质资源，并对福建种质资源进行了精确描绘。全书按作物类型汇编成粮食作物、蔬菜作物、果树、经济作物、牧草绿肥5个章节。

本书的编写得到了农业农村部、福建省农业农村厅、中国农业科学院作物科学研究所等单位，以及福建省农业科学院各研究所的大力支持。中国科学院院士谢华安为本书作序。本书的出版得到了"物种品种资源保护费"及"农业种质资源圃（库）"项目的经费支持。在此，一并致以诚挚的谢意。

编著者

2023 年 11 月 10 日

特别感谢农业农村部、福建省农业农村厅，以及以下各个县（市、区）农业农村局为本书提供了资料及图片。

安溪县农业农村局	建宁县农业农村局
建瓯市农业农村局	宁德市蕉城区农业农村局
漳州市龙海区农业农村局	罗源县农业农村局
闽侯县农业农村局	明溪县农业农村局
南靖县农业农村局	宁化县农业农村局
平和县农业农村局	屏南县农业农村局
三明市三元区农业农村局	邵武市农业农村局
武平县农业农村局	武夷山市农业农村局
永泰县农业农村局	尤溪县农业农村局
漳平市农业农村局	漳浦县农业农村局
诏安县农业农村局	周宁县农业农村局

目 录
Contents

序

前言

第二章 农作物种质资源——蔬菜 ································ 74

第三章 农作物种质资源——果树 ⋯⋯⋯⋯⋯⋯⋯⋯⋯⋯⋯⋯⋯⋯ 132

第一章
农作物种质资源——粮食作物

第一节　稻类作物

（1）2017351022 矮秆糯谷

【种质名称】矮秆糯谷

【作物类别】水稻

【分类】禾本科稻属亚洲栽培稻种

【学名】*Oryza sativa* L.

【来源地】三明市明溪县

【农民认知】糯性较强，做年糕、粽子口感好。

【利用价值】有补虚、补血、健脾暖胃、止汗等作用；用以制成风味小吃，如年糕、元宵、粽子等。

【主要特征特性】该水稻属常规粳型糯稻，为中熟中稻，谷粒阔卵形，

2017351022 矮秆糯谷

叶鞘绿色，颖尖黑色，颖色黄，种皮白色。全生育期144d*，株高116cm，有效穗数8.2，穗长24.4cm，穗粒数211.8，结实率71.2%，千粒重29.66g，谷粒长7.69mm，谷粒宽3.68mm。

（2）2017351023 高秆糯谷

【种质名称】高秆糯谷

【作物类别】水稻

【分类】禾本科稻属亚洲栽培稻种

【学名】*Oryza sativa* L.

【来源地】三明市明溪县

【农民认知】糯性强，做糍粑食用口感好。

【利用价值】出米率高达80%；用

---

*　数据为平均值，下同。——编者注

以制成风味小吃，如年糕、元宵、粽子等。

【主要特征特性】该水稻属常规粳型糯稻，为晚熟中稻，谷粒阔卵形，叶鞘绿色，颖尖黑色，颖色银灰，种皮白色。全生育期149d，株高173.8cm，有效穗数10.2，穗长25.2cm，穗粒数187.7，结实率86.4%，千粒重28.10g，谷粒长7.33mm，谷粒宽3.56mm。

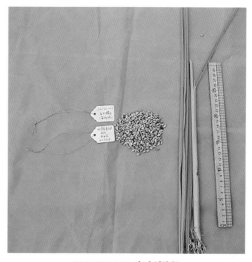

2017351023 高秆糯谷

（3）2017351024 粳稻

【种质名称】粳稻
【作物类别】水稻
【分类】禾本科稻属亚洲栽培稻种
【学名】*Oryza sativa* L.
【来源地】三明市明溪县
【农民认知】中等黏性，制作米粿口感好。

【利用价值】口感好；可用于做萝卜糕、米粉、炒饭。

【主要特征特性】该水稻属常规粳型粘稻，为晚熟中稻，谷粒阔卵形，叶鞘黄色，颖尖黄色，颖色褐，种皮白色。全生育期136d，株高156.6cm，有效穗数6.4，穗长23.8cm，穗粒数259.8，结实率52.0%，千粒重23.60g，谷粒长7.27mm，谷粒宽3.34mm。

2017351024 粳稻

（4）2017351040 78130常规稻

【种质名称】78130常规稻
【作物类别】水稻
【分类】禾本科稻属亚洲栽培稻种
【学名】*Oryza sativa* L.
【来源地】三明市明溪县
【农民认知】结实率高，出米率高。

【利用价值】当地主要用于制作粉干、白粿；浸泡几小时磨成米浆后再加工。

【主要特征特性】该水稻属常规籼型粘稻，为中熟早稻，谷粒椭圆形，叶鞘绿色，颖尖黄色，颖色黄，种皮白色。全生育期125d，株高110.3cm，有效穗数11.3，穗长25.4cm，穗粒数165.8，结实率83.0%，千粒重26.29g，谷粒长8.24mm，谷粒宽3.18mm。

2017351040 78130 常规稻

(5) 2017351050 红壳糯

【种质名称】红壳糯

【作物类别】水稻

【分类】禾本科稻属亚洲栽培稻种

【学名】*Oryza sativa* L.

【来源地】三明市明溪县

【农民认知】米质好，糯性强，酿酒时出酒率高。

【利用价值】米质好，适用于酿酒、打糍粑。

【主要特征特性】该水稻属常规粳型糯稻，为晚熟晚稻，谷粒阔卵形，叶鞘绿色，颖尖黑色，颖色银灰，种皮白色。全生育期139d，株高147.3cm，有效穗数11.6，穗长21.7cm，穗粒数124.8，结实率86.0%，

2017351050 红壳糯

千粒重19.21g，谷粒长6.46mm，谷粒宽3.45mm。

(6) 2017351079 黑米

【种质名称】黑米

【作物类别】水稻

【分类】禾本科稻属亚洲栽培稻种

【学名】*Oryza sativa* L.

【来源地】三明市明溪县

【农民认知】糯性强，黏稠，口感好。

【利用价值】食用与药用；可制作黑米粥、黑米酒等。

【主要特征特性】该水稻属常规

籼型糯稻，为晚熟晚稻，谷粒椭圆形，叶鞘绿色，颖尖褐色，颖色赤褐，种皮黑色。全生育期126d，株高131cm，有效穗数7.4，穗长23.6cm，穗粒数186.8，结实率86.1%，千粒重24.23g，谷粒长8.84mm，谷粒宽3.27mm。

2017351079 黑米

（7）2017352052 下洋粳稻

【种质名称】下洋粳稻
【作物类别】水稻
【分类】禾本科稻属亚洲栽培稻种
【学名】*Oryza sativa* L.
【来源地】福州市闽侯县
【农民认知】品质优、口感好。
【利用价值】味甘，性温；和中消食，健脾开胃；主要食物来源，稻糠是动物饲料的重要来源。

【主要特征特性】该水稻属常规粳型粘稻，为早熟中稻，谷粒阔卵形，叶鞘绿色，颖尖黄色，颖色黄，种皮白色。全生育期124d，株高122.6cm，有效穗数7.8，穗长21.5cm，穗粒数140.8，结实率84.9%，千粒重23.72g，谷粒长7.18mm，谷粒宽3.60mm。

2017352052 下洋粳稻

（8）2017352054 红壳糯稻

【种质名称】红壳糯稻
【作物类别】水稻
【分类】禾本科稻属亚洲栽培稻种
【学名】*Oryza sativa* L.
【来源地】福州市闽侯县
【农民认知】品质优、口感黏。
【利用价值】稻壳呈红色，长势较好，质优；去壳后的大米是主要粮食，稻壳可以用作动物饲料。

【主要特征特性】该水稻属常规

粳型糯稻，为晚熟晚稻，谷粒阔卵形，叶鞘绿色，颖尖黄色，颖色黄，种皮白色。全生育期131d，株高140.8cm，有效穗数7.2，穗长21.2cm，穗粒数191.8，结实率76.5%，千粒重26.37g，谷粒长7.12mm，谷粒宽3.39mm。

2017352054 红壳糯稻

（9）2017352055 罗洋粳稻

【种质名称】罗洋粳稻

【作物类别】水稻

【分类】禾本科稻属亚洲栽培稻种

【学名】*Oryza sativa* L.

【来源地】福州市闽侯县

【农民认知】品质优，口感好，晚熟。

【利用价值】生长较好，口感佳；种子去壳煮熟后食用，稻壳加工成糠作动物饲料。

【主要特征特性】该水稻属常规粳型粘稻，为晚熟晚稻，谷粒阔卵形，叶鞘绿色，颖尖红色，颖色黄，种皮白色。全生育期130d，株高120.6cm，

2017352055 罗洋粳稻

有效穗数12.2，穗长21.1cm，穗粒数199，结实率78.8%，千粒重22.84g，谷粒长7.15mm，谷粒宽3.51mm。

（10）2017352069 428稻

【种质名称】428稻

【作物类别】水稻

【分类】禾本科稻属亚洲栽培稻种

【学名】*Oryza sativa* L.

【来源地】福州市闽侯县

【农民认知】品质优，晚熟。

【利用价值】质优，长势好；可食用，米糠可以榨油。

【主要特征特性】该水稻属常规籼型粘稻，为中熟晚稻，谷粒中长

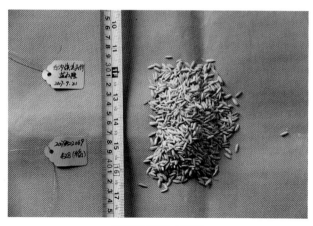

2017352069 428稻

形，叶鞘绿色，颖尖黄色，颖色黄，种皮白色。全生育期123d，株高138.2cm，有效穗数11.8，穗长27.24cm，穗粒数194，结实率89.9%，千粒重23.92g，谷粒长9.00mm，谷粒宽2.86mm。

（11）2017352083 仙山干谷1

【种质名称】仙山干谷1
【作物类别】水稻
【分类】禾本科稻属亚洲栽培稻种
【学名】*Oryza sativa* L.
【来源地】福州市闽侯县
【农民认知】品质优，口感好。
【利用价值】和中消食，健脾开胃；稻壳加工成糠作饲料，大米为主要粮食。
【主要特征特性】该水稻属常规粳型粘稻，为中熟中稻，谷粒阔卵形，叶鞘绿色，颖尖黄色，颖色黄，种皮白色。

2017352083 仙山干谷1

全生育期142d，株高142.1cm，有效穗数13.6，穗长21.8cm，穗粒数147.47，结实率80.1%，千粒重30.64g，谷粒长7.67mm，谷粒宽3.87mm。

（12）2017352084 术谷

【种质名称】术谷
【作物类别】水稻
【分类】禾本科稻属亚洲栽培稻种
【学名】*Oryza sativa* L.
【来源地】福州市闽侯县
【农民认知】口感好，香味浓。
【利用价值】品质优，口感佳，营养丰富；种子加工成大米进行煮食，稻壳加工成糠作动物饲料。
【主要特征特性】该水稻属常规籼型糯稻，为早熟中稻，谷粒中长形，叶鞘绿色，颖尖黄色，颖色黄，种皮白色。

2017352084 术谷

全生育期122d，株高145.4cm，有效穗数10.6，穗长27.3cm，穗粒数254.2，结实率70.3%，千粒重30.06g，谷粒长9.69mm，谷粒宽3.2mm。

（13）2017352086 岭兜干谷

【种质名称】岭兜干谷

【作物类别】水稻

【分类】禾本科稻属亚洲栽培稻种

【学名】*Oryza sativa* L.

【来源地】福州市闽侯县

【农民认知】品质优，谷粒饱满。

【利用价值】品质优，口感好，健脾开胃；稻壳加工成糠作饲料，大米作主食食用。

2017352086 岭兜干谷

【主要特征特性】该水稻属常规粳型糯稻，为晚熟晚稻，谷粒椭圆形，叶鞘绿色，颖尖黄色，颖色黄，种皮白色。全生育期129d，株高122.4cm，有效穗数13.6，穗长20.1cm，穗粒数136.47，结实率84.2%，千粒重21.87g，谷粒长7.59mm，谷粒宽3.42mm。

（14）2017355135 红麻壳糯谷

【种质名称】红麻壳糯谷

【作物类别】水稻

【分类】禾本科稻属亚洲栽培稻种

【学名】*Oryza sativa* L.

【来源地】三明市三元区

【农民认知】粒色红，品质优。

【利用价值】可用于酿造米酒、熬糯米粥、做糍粑。

【主要特征特性】该水稻属常规粳型糯稻，为早熟中稻，谷粒阔卵形，叶鞘绿色，颖尖褐色，颖色褐，种皮白色。全生育期129d，株高135.2cm，

2017355135 红麻壳糯谷

有效穗数7.6，穗长24.4cm，穗粒数177，结实率77.4%，千粒重24.10g，谷粒长6.91mm，谷粒宽3.36mm。

（15）2018351066 龙桂选水稻

【种质名称】龙桂选水稻

【作物类别】水稻

【分类】禾本科稻属亚洲栽培稻种

【学名】*Oryza sativa* L.

【来源地】漳州市龙海区

【农民认知】用来煮干饭、稀饭。

【利用价值】可食用；大米作为主食，可以直接煮食或加工成米粉等。

【主要特征特性】该水稻属常规籼型粘稻，为晚熟早稻，谷粒椭圆形，叶鞘绿色，颖尖黄色，颖色黄，种皮白色。全生育期128d，株高129.1cm，有效穗数7.8，穗长25.7cm，穗粒数202.4，结实率69.1%，千粒重23.38g，谷粒长7.95mm，谷粒宽3.12mm。

2018351066 龙桂选水稻

（16）2018351067 金包银水稻（有芒）

【种质名称】金包银水稻（有芒）

【作物类别】水稻

【分类】禾本科稻属亚洲栽培稻种

【学名】*Oryza sativa* L.

【来源地】漳州市龙海区

【农民认知】再生稻，闽南地区流传下来的古老稻种，煮粥口感好。本地有用金包银米煮粥给产妇或坐月子女性食用的传统。

【利用价值】可食用；大米作为主食，可以直接煮食或加工成米粉等。

2018351067 金包银水稻（有芒）

【主要特征特性】该水稻属常规籼型糯稻，为中熟晚稻，谷粒椭圆形，叶鞘绿色，颖尖褐色，颖色褐，种皮白色。全生育期121d，株高123.6cm，有效穗数6.8，穗长27.6cm，穗粒数240，结实率77.3%，千粒重18.76g，谷粒长7.22mm，谷粒宽2.85mm。

（17）2018351313 本地水稻

【种质名称】本地水稻

【作物类别】水稻

【分类】禾本科稻属亚洲栽培稻种

【学名】*Oryza sativa* L.

【来源地】漳州市平和县

【农民认知】营养丰富，品质好。

【利用价值】可食用，直接蒸煮成白米饭或粥。

【主要特征特性】该水稻属常规籼型粘稻，为中熟早稻，谷粒椭圆形，叶鞘绿色，颖尖黄色，颖色黄，种皮白色。全生育期125d，株高123.64cm，有效穗数6.8，穗长26.6cm，穗粒数247，结实率69.5%，千粒重23.18g，谷粒长8.04mm，谷粒宽2.88mm。

2018351313 本地水稻

（18）2018352083 土杂优

【种质名称】土杂优

【作物类别】水稻

【分类】禾本科稻属亚洲栽培稻种

【学名】*Oryza sativa* L.

【来源地】泉州市安溪县

【农民认知】品质优、米质好。

【利用价值】是重要的粮食作物之一，喜高温、多湿、短日照；大米作主食，米糠可以榨油或腌菜，稻糠是动物饲料的重要来源，稻芽还可以入药。

【主要特征特性】该水稻属常规籼型粘稻，为晚熟晚稻，谷粒中长形，叶鞘绿色，颖尖黄色，颖色黄，种皮白色。全生育期135d，株高115.6cm，有效穗数7.2，穗长27.3cm，穗粒数191.4，结实率88.8%，千粒重23.41g，谷粒长8.88mm，谷粒宽2.74mm。

2018352083 土杂优

（19）2018352084 九三早

【种质名称】九三早

【作物类别】水稻

【分类】禾本科稻属亚洲栽培稻种

【学名】*Oryza sativa* L.

【来源地】泉州市安溪县

【农民认知】稻粒长，品质较好，熟期早。

【利用价值】一年生水生草本，秆直立，高0.5～1.5m，叶鞘无毛、松弛；是重要的粮食作物之一；主要作主食，稻糠是动物饲料的重要来源，除供牛羊等牲畜食用，稻草可编成草绳、草鞋与蓑衣，还可制作草席、草帽等工艺品。

【主要特征特性】该水稻属常规籼型粘稻，为中熟早稻，

2018352084 九三早

谷粒椭圆形，叶鞘绿色，颖尖黄色，颖色黄，种皮白色。全生育期124d，株高115.1cm，有效穗数7，穗长24.5cm，穗粒数199.4，结实率77.5%，千粒重26.03g，谷粒长7.89mm，谷粒宽3.28mm。

（20）2018354054 冷水糯

【种质名称】冷水糯
【作物类别】水稻
【分类】禾本科稻属亚洲栽培稻种
【学名】*Oryza sativa* L.
【来源地】南平市武夷山市
【农民认知】食用糯性好、韧性强。
【利用价值】食用或用于酿酒、加工成糍粿。

【主要特征特性】该水稻属常规粳型糯稻，谷粒阔卵形，颖尖褐色，颖色褐，种皮白色。株高145.1cm，有效穗数10.8，穗长22.48cm，穗粒数158.1，结实率83.3%，千粒重20.15g，谷粒长6.73mm，谷粒宽3.53mm。

2018354054 冷水糯

（21）2018354055 粳米

【种质名称】粳米
【作物类别】水稻
【分类】禾本科稻属亚洲栽培稻种
【学名】*Oryza sativa* L.
【来源地】南平市武夷山市
【农民认知】粳稻、米质较韧。
【利用价值】可食用；直接煮食或加工成米粿等当地特色小吃。

【主要特征特性】该水稻属常规粳型粘稻，为早熟晚稻，谷粒阔卵形，叶鞘绿色，颖尖褐色，颖色黄，种皮白色。全生育期114d，株高127.7cm，有效穗数7，穗长24.0cm，穗粒数111.6，结实率75.8%，千粒重37.06g，谷粒长8.52mm，谷粒宽3.80mm。

2018354055 粳米

（22）2018354070 粳稻

【种质名称】粳稻

【作物类别】水稻

【分类】禾本科稻属亚洲栽培稻种

【学名】*Oryza sativa* L.

【来源地】南平市武夷山市

【农民认知】食用香味浓、口感糯，植株较抗病害。

【利用价值】可食用，煮熟后米粒黏性较高，常用于制作黏糕等。

【主要特征特性】该水稻属常规粳型粘稻，为早熟晚稻，谷粒阔卵形，叶鞘绿色，颖尖褐色，颖色黄，种皮白色。全生育期108d，株高132.4cm，有效穗数7，穗长23.8cm，穗粒数83.8，结实率73.3%，千粒重41.18g，谷粒长8.37mm，谷粒宽3.81mm。

2018354070 粳稻

（23）2018354071 大冬糯

【种质名称】大冬糯

【作物类别】水稻

【分类】禾本科稻属亚洲栽培稻种

【学名】*Oryza sativa* L.

【来源地】南平市武夷山市

【农民认知】可做粽子、酿酒，做糍粑。

【利用价值】可食用；常用于生产黏性米制食品，如制作粽子、酿酒、糍粑等。

【主要特征特性】该水稻属常规粳型糯稻，为早熟晚稻，谷粒椭圆形，叶鞘黄色，颖尖黄色，颖色银灰，种皮白色。全生育期118d，株高158.0cm，有效穗数12.8，穗长31.7cm，穗粒数145.8，结实率71.0%，千粒重23.95g，谷粒长8.41mm，谷粒宽3.18mm。

2018354071 大冬糯

（24）2018355037 坡下黑糯米

【种质名称】坡下黑糯米

【作物类别】水稻

【分类】禾本科稻属亚洲栽培稻种

【学名】*Oryza sativa* L.

【来源地】漳州市诏安县

【农民认知】米色黑，米质优。

【利用价值】可食用，淀粉含量高，食用后饱腹感强；常用于煮食、蒸食、煮粥等。

【主要特征特性】该水稻属常规籼型糯稻，为晚熟中稻，谷粒椭圆形，叶鞘紫色，颖尖紫色，颖色赤褐，种皮黑色。全生育期141d，株高122.1cm，有效穗数8.4，穗长25.8cm，

2018355037 坡下黑糯米

穗粒数195.6，结实率83.8%，千粒重22.37g，谷粒长8.88mm，谷粒宽3.01mm。

（25）2018355198 拳头糯

【种质名称】拳头糯

【作物类别】水稻

【分类】禾本科稻属亚洲栽培稻种

【学名】*Oryza sativa* L.

【来源地】宁德市屏南县

【农民认知】颗粒饱满，品质优。

【利用价值】可食用；常用于酿造米酒，制作糍粑、粽子。

【主要特征特性】该水稻属常规粳型糯稻，谷粒阔卵形，颖尖褐色，

2018355198 拳头糯

颖色银灰，种皮白色。株高124.0cm，有效穗数7.0，穗长19.4cm，穗粒数208.9，结实率76.3%，千粒重23.81g，谷粒长7.36mm，谷粒宽3.52mm。

（26）2018355205 荆糯6号

【种质名称】荆糯6号

【作物类别】水稻

【分类】禾本科稻属亚洲栽培稻种

【学名】*Oryza sativa* L.

【来源地】宁德市屏南县

【农民认知】优质、抗病；米粒糯性好，食味佳。

【利用价值】可食用；常用于酿造米酒、煮稀饭、制作糍粑等。

【主要特征特性】该水稻属常规籼型糯稻，为早熟中稻，谷粒中长形，叶鞘绿色，颖尖黄色，颖色黄，种皮红色。

2018355205 荆糯6号

全生育期127d，株高109.3cm，有效穗数9.0，穗长26.7cm，穗粒数174.0，结实率79.5%，千粒重24.98g，谷粒长9.45mm，谷粒宽2.87mm。

（27）2018355212 红糟糯

【种质名称】红糟糯

【作物类别】水稻

【分类】禾本科稻属亚洲栽培稻种

【学名】*Oryza sativa* L.

【来源地】宁德市屏南县

【农民认知】稻壳带红色，米质优。

【利用价值】可食用；常用于酿造米酒、包粽子、煮稀饭等。

【主要特征特性】该水稻属常规粳型糯稻，谷粒中长形，颖尖褐色，颖色赤褐，种皮白色。株高158.5cm，有效穗数15.4，穗长27.1cm，穗粒数136.3，结实率80.8%，千粒重25.15g，谷粒长7.99mm，谷粒宽2.92mm。

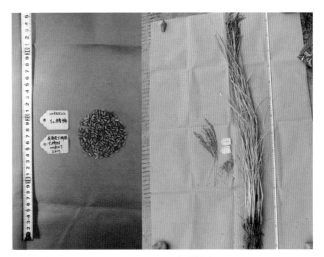

2018355212 红糟糯

（28）2018355216 坤头糯米

【种质名称】坤头糯米

【作物类别】水稻

【分类】禾本科稻属亚洲栽培稻种

【学名】*Oryza sativa* L.

【来源地】宁德市屏南县

【农民认知】优质，口感黏糯。

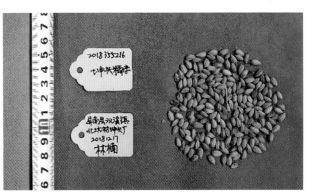

2018355216 坤头糯米

【利用价值】可食用；是逢年过节做糍粑的原料。

【主要特征特性】该水稻属常规粳型糯稻，谷粒阔卵形，颖尖褐色，颖色黄，种皮白色。株高148.1cm，有效穗数8.6，穗长25.1cm，穗粒数216.2，结实率67.5%，千粒重27.25g，谷粒长7.00mm，谷粒宽3.59mm。

（29）2018355217 坤头红米

【种质名称】坤头红米

【作物类别】水稻

【分类】禾本科稻属亚洲栽培稻种

【学名】*Oryza sativa* L.

【来源地】宁德市屏南县

【农民认知】米色粉红，口感糯香。

【利用价值】可食用；常用于煮饭、煮粥。

【主要特征特性】该水稻属常规籼型粘稻，谷粒椭圆形，颖尖黄色，颖色银灰，种皮红色。株高181.2cm，有效穗数17.8，穗长26.5cm，千粒重23.12g，谷粒长7.67mm，谷粒宽2.77mm。

2018355217 坤头红米

（30）2018356023 高秆粳稻

【种质名称】高秆粳稻

【作物类别】水稻

【分类】禾本科稻属亚洲栽培稻种

【学名】*Oryza sativa* L.

【来源地】南平市建瓯市

【农民认知】用来制作白粿的米。

【利用价值】食用；蒸米饭，煮粥或加工成白粿等。

【主要特征特性】该水稻属常规粳型粘稻，为晚熟晚稻，谷粒椭圆形，叶鞘绿色，颖尖黄色，颖色黄，种皮白色。全生育期126d，株高161.2cm，有效穗数6.8，穗长31.6cm，穗粒数169.3，结实率74.8%，千粒重27.53g，谷粒长8.13mm，谷粒宽3.23mm。

2018356023 高秆粳稻

(31) 2018356024 本地高秆白糯

【种质名称】本地高秆白糯
【作物类别】水稻
【分类】禾本科稻属亚洲栽培稻种
【学名】*Oryza sativa* L.
【来源地】南平市建瓯市
【农民认知】糯性好，用来酿酒。
【利用价值】可食用；常用于酿酒或加工成白粿。
【主要特征特性】该水稻属常规籼型糯稻，谷粒椭圆形，颖尖黄色，颖色银灰，种皮白色。株高175.7cm，有效穗数9.5，穗长27.2cm，穗粒数160.8，结实率86.1％，千粒重22.87g，谷粒长7.55mm，谷粒宽3.08mm。

2018356024 本地高秆白糯

(32) 2018356128 本地黑米

【种质名称】本地黑米
【作物类别】水稻
【分类】禾本科稻属亚洲栽培稻种
【学名】*Oryza sativa* L.
【来源地】三明市尤溪县
【农民认知】口感好，产量高，糯性好。
【利用价值】食用；可脱壳做大米。黑米所含锰、锌、铜等无机盐大都比一般大米高，因而黑米营养价值高。

2018356128 本地黑米

【主要特征特性】该水稻属常规粳型糯稻，为晚熟晚稻，谷粒椭圆形，叶鞘绿色，颖尖黑色，颖色紫黑，种皮黑色。全生育期132d，株高90.2cm，有效穗数7.2，穗长20.4cm，穗粒数125.3，结实率92.7％，千粒重20.73g，谷粒长6.34mm，谷粒宽2.82mm。

(33) 2018356185 石榴红

【种质名称】石榴红
【作物类别】水稻
【分类】禾本科稻属亚洲栽培稻种

【学名】*Oryza sativa* L.

【来源地】三明市尤溪县

【农民认知】粘性晚稻，迟熟。

【利用价值】食用；可脱壳加工成大米。

【主要特征特性】该水稻属常规籼型粘稻，谷粒椭圆形，颖尖黄色，颖色黄，种皮红色。株高193.9cm，有效穗数13.4，穗长27.4cm，穗粒数156.9，结实率79.9%，千粒重27.47g，谷粒长7.16mm，谷粒宽2.60mm。

2018356185 石榴红

（34）2018356186 白头莲

【种质名称】白头莲

【作物类别】水稻

【分类】禾本科稻属亚洲栽培稻种

【学名】*Oryza sativa* L.

【来源地】三明市尤溪县

【农民认知】粘性晚稻，早熟，结实率高。

【利用价值】可直接食用；常用于蒸制米饭、煮粥等。

【主要特征特性】该水稻属常规籼型糯稻，为早熟晚稻，谷粒椭圆

2018356186 白头莲

形，叶鞘绿色，颖尖黑色，颖色黄，种皮白色。全生育期118d，株高144.5cm，有效穗数12.2，穗长25.9cm，穗粒数112.8，结实率93.6%，千粒重27.78g，谷粒长8.78mm，谷粒宽3.18mm。

（35）2018356187 胡早

【种质名称】胡早

【作物类别】水稻

【分类】禾本科稻属亚洲栽培稻种

【学名】*Oryza sativa* L.

【来源地】三明市尤溪县

【农民认知】粘性晚稻，早熟，结实率高。

2018356187 胡早

【利用价值】可食用；常用于酿造米酒、蒸食。

【主要特征特性】该水稻属常规粳型粘稻，为早熟晚稻，谷粒阔卵形，叶鞘绿色，颖尖黄色，颖色黄，种皮白色。全生育期119d，株高138.5cm，有效穗数10.0，穗长25.0cm，穗粒数167.4，结实率93.0%，千粒重21.17g，谷粒长6.77mm，谷粒宽3.42mm。

（36）2018356188 洋白糯

【种质名称】洋白糯

【作物类别】水稻

【分类】禾本科稻属亚洲栽培稻种

【学名】*Oryza sativa* L.

【来源地】三明市尤溪县

【农民认知】糯性好。

【利用价值】可食用；稻壳加工成糠作饲料，加工后的大米可作为主要粮食，可直接煮食或做粽子等。

【主要特征特性】该水稻属常规粳型糯稻，为中熟晚稻，谷粒阔卵形，叶鞘绿色，颖尖黑色，颖色黄，种皮白色。全生育期121d，株高159.0cm，有效穗数8.0，穗长24.5cm，穗粒数208.6，结实率82.2%，千粒重25.18g，谷粒长7.51mm，谷粒宽3.64mm。

2018356188 洋白糯

（37）2018356189 矮脚白

【种质名称】矮脚白

【作物类别】水稻

【分类】禾本科稻属亚洲栽培稻种

【学名】*Oryza sativa* L.

【来源地】三明市尤溪县

【农民认知】优质，粘性晚稻，早熟，结实率一般。

【利用价值】可食用；种子去壳煮熟后食用，稻壳可加工成糠作动物饲料。

【主要特征特性】该水稻属常规籼型粘稻，为中熟晚稻，谷粒中长形，叶鞘绿色，颖尖黄色，颖色黄，种皮白色。全生育期122d，株高141.2cm，有效穗数8.4，穗长29.2cm，穗粒数183.8，结实率64.1%，千粒重25.83g，谷粒长9.45mm，谷粒宽2.95mm。

2018356189 矮脚白

（38）2018356191 冷水珠

【种质名称】冷水珠

【作物类别】水稻

【分类】禾本科稻属亚洲栽培稻种

【学名】*Oryza sativa* L.

【来源地】三明市尤溪县

【农民认知】耐冷糯稻。

【利用价值】可食用；常用于煮米饭、熬粥等。

【主要特征特性】该水稻属常规粳型糯稻，为中熟晚稻，谷粒阔卵

2018356191 冷水珠

形，叶鞘绿色，颖尖褐色，颖色黄，种皮白色。全生育期125d，株高153.0cm，有效穗数8.0，穗长25.1cm，穗粒数146.6，结实率81.3%，千粒重22.44g，谷粒长7.23mm，谷粒宽3.35mm。

（39）2018356192 五百冬

【种质名称】五百冬

【作物类别】水稻

【分类】禾本科稻属亚洲栽培稻种

【学名】*Oryza sativa* L.

【来源地】三明市尤溪县

【农民认知】粳稻，粘性。

【利用价值】可食用；常用于煮米饭、熬粥等。

【主要特征特性】该水稻属常规籼型粘稻，为中熟晚稻，谷粒椭圆

2018356192 五百冬

形，叶鞘绿色，颖尖黄色，颖色黄，种皮白色。全生育期122d，株高96.9cm，有效穗数8.5，穗长26.2cm，穗粒数138.4，结实率73.6%，千粒重26.38g，谷粒长8.51mm，谷粒宽3.26mm。

（40）2018356193 乌鼻粳

【种质名称】乌鼻粳

【作物类别】水稻

【分类】禾本科稻属亚洲栽培稻种

【学名】*Oryza sativa* L.

【来源地】三明市尤溪县

【农民认知】粳稻，粘性，迟熟。

【利用价值】可食用；常用于做糍粑或磨成粉冲米糊食用，也可酿造米酒。

【主要特征特性】该水稻属常规粳型粘稻，为中熟晚稻，谷粒阔卵形，叶鞘绿色，颖尖黄色，颖色黄，种皮白色。全生育期123d，株高133.4cm，有效穗数8.0，穗长26.0cm，穗粒数

2018356193 乌鼻粳

189.7，结实率87.8%，千粒重19.59g，谷粒长6.84mm，谷粒宽3.41mm。

（41）2018356194 尤溪术

【种质名称】尤溪术

【作物类别】水稻

【分类】禾本科稻属亚洲栽培稻种

【学名】*Oryza sativa* L.

【来源地】三明市尤溪县

【农民认知】粳稻，糯稻，迟熟。

【利用价值】可食用；常用于脱壳做大米。

【主要特征特性】该水稻属常规籼

2018356194 尤溪术

型粘稻，谷粒椭圆形，颖尖黄色，颖色黄，种皮红色。株高191.9cm，有效穗数12.2，穗长28.4cm，穗粒数190.0，结实率38.3%，千粒重24.56g，谷粒长8.23mm，谷粒宽2.86mm。

（42）2018356196 尤溪红

【种质名称】尤溪红

【作物类别】水稻

【分类】禾本科稻属亚洲栽培稻种

【学名】*Oryza sativa* L.

【来源地】三明市尤溪县

【农民认知】粘性，迟熟，产量高。

【利用价值】可食用；常用于蒸米饭、煮粥。

【主要特征特性】该水稻属常规

2018356196 尤溪红

籼型粘稻，为中熟中稻，谷粒椭圆形，叶鞘绿色，颖尖黄色，颖色黄，种皮红色。全生育期142d，株高193.7cm，有效穗数13.6，穗长26.2cm，穗粒数154.4，结实率41.1%，千粒重22.85g，谷粒长7.86mm，谷粒宽2.87mm。

（43）2018356197 沙粳

【种质名称】沙粳

【作物类别】水稻

【分类】禾本科稻属亚洲栽培稻种

【学名】*Oryza sativa* L.

【来源地】三明市尤溪县

【农民认知】粳型糯稻，谷粒饱满。

【利用价值】可食用；常用于制作白粿。

2018356197 沙粳

【主要特征特性】该水稻属常规粳型粘稻，为中熟晚稻，谷粒阔卵形，叶鞘绿色，颖尖红色，颖色褐，种皮白色。全生育期122d，株高129.4cm，有效穗数7.8，穗长21.3cm，穗粒数164.8，结实率66.4%，千粒重21.97g，谷粒长7.07mm，谷粒宽3.51mm。

（44）2018356198 黑米

【种质名称】黑米

【作物类别】水稻

【分类】禾本科稻属亚洲栽培稻种

【学名】*Oryza sativa* L.

【来源地】三明市尤溪县

【农民认知】籼型粘性，分蘖多。

【利用价值】可食用；常用于煮黑米粥。

2018356198 黑米

【主要特征特性】该水稻属常规籼型糯稻，为晚熟晚稻，谷粒中长形，叶鞘紫色，颖尖红色，颖色赤褐，种皮黑色。全生育期126d，株高133.5cm，有效穗数5.6，穗长28.1cm，穗粒数275.4，结实率77.6%，千粒重22.53g，谷粒长9.14mm，谷粒宽2.87mm。

(45) 2018356199 红糟术

【种质名称】红糟术

【作物类别】水稻

【分类】禾本科稻属亚洲栽培稻种

【学名】*Oryza sativa* L.

【来源地】三明市尤溪县

【农民认知】糯稻，迟熟，产量高。

【利用价值】可食用；常用于酿造米酒、蒸食。

【主要特征特性】该水稻属常规粳型糯稻，为中熟晚稻，谷粒椭圆形，叶鞘绿色，颖尖褐色，颖色赤褐，种皮白色。全生育期121d，株高139.1cm，有效穗数8.6，穗长26.1cm，穗粒数189.8，结实率87.1%，千粒重22.91g，谷粒长7.04mm，谷粒宽2.30mm。

2018356199 红糟术

(46) 2018356202 白壳糯

【种质名称】白壳糯

【作物类别】水稻

【分类】禾本科稻属亚洲栽培稻种

【学名】*Oryza sativa* L.

【来源地】南平市邵武市

【农民认知】口感好，黏度高。

【利用价值】可食用；常用于脱壳做大米。

【主要特征特性】该水稻属常规籼型糯稻，为中熟晚稻，谷粒细长形，叶鞘绿色，颖尖黄色，颖色黄，种皮白色。全生育期123d天，株高125.2cm，有效穗数9.0，穗长27.5cm，穗粒数156.3，结实率88.8%，千粒重25.48g，谷粒长9.42mm，谷粒宽2.79mm。

2018356202 白壳糯

(47) 2018356206 乌壳粳

【种质名称】乌壳粳

【作物类别】水稻

【分类】禾本科稻属亚洲栽培稻种

【学名】*Oryza sativa* L.

【来源地】南平市邵武市

【农民认知】口感好，稻壳黑色。

【利用价值】可食用；常用于脱壳做大米。

【主要特征特性】该水稻属常规粳型粘稻，为晚熟晚稻，谷粒阔卵形，叶鞘绿色，颖尖黑色，颖色紫黑，种皮白色。全生育期128d，株高152.8cm，有效穗数10.6，穗长26.9cm，穗粒数165.5，结实率69.8%，千粒重22.45g，谷粒长6.56mm，谷粒宽3.29mm。

2018356206 乌壳粳

(48) 2018356207 好米

【种质名称】好米

【作物类别】水稻

【分类】禾本科稻属亚洲栽培稻种

【学名】*Oryza sativa* L.

【来源地】南平市邵武市

【农民认知】品质优，煮食后好吃。

【利用价值】可食用；常用于脱壳做大米。

【主要特征特性】该水稻属常规粳型粘稻，为晚熟晚稻，谷粒阔卵形，叶鞘绿色，颖尖黄色，颖色黄，种皮白色。全生育期135d，株高116.7cm，有效穗数7.2，穗长21.3cm，穗粒数178.5，结实率72.0%，千粒重24.09g，谷粒长6.89mm，谷粒宽3.58mm。

2018356207 好米

(49) 2020357008 本地粳稻

【种质名称】本地粳稻

【作物类别】水稻

【分类】禾本科稻属亚洲栽培稻种

【学名】*Oryza sativa* L.

【来源地】宁德市蕉城区

【农民认知】米粒饱满，口感好。

【利用价值】可食用；常用于做米粿，煮稀饭口感好。

【主要特征特性】该水稻属常规粳型粘稻，谷粒阔卵形，颖尖黄色，颖色黄，种皮白色。

2020357008 本地粳稻

株高126.5cm，有效穗数10.6，穗长21.7cm，穗粒数196.5，结实率71.1%，千粒重24.68g，谷粒长6.98mm，谷粒宽3.54mm。

（50）2020357009 本地长糯稻

【种质名称】本地长糯稻

【作物类别】水稻

【分类】禾本科稻属亚洲栽培稻种

【学名】*Oryza sativa* L.

【来源地】宁德市蕉城区

【农民认知】口感黏糯，风味佳。

【利用价值】可食用；具有糯性，可做米粿，或煮稀饭，口感好。

【主要特征特性】该水稻属常规籼型糯稻，谷粒细长形，颖尖黄色，颖色黄，种皮白色。株高107.0cm，有效穗数13.6，穗长27.6cm，穗粒数256.5，结实率81.4%，千粒重23.87g，谷粒长9.10mm，谷粒宽2.71mm。

2020357009 本地长糯稻

（51）2020358011 禾糯

【种质名称】禾糯

【作物类别】水稻

【分类】禾本科稻属亚洲栽培稻种

【学名】*Oryza sativa* L.

【来源地】龙岩市漳平市

【农民认知】青皮，种子外壳有棱形凸起，产量高。

【利用价值】可食用，也可以酿酒；常用于煮饭，稻壳可以做饲料。

【主要特征特性】该水稻属常规粳型粘稻，谷粒短圆形，颖尖黄色，颖色银灰，种皮白色。株高151.7cm，有效穗数9.8，穗长25.9cm，穗粒数200.8，结实率86.2%，千粒重23.32g，谷粒长6.76mm，谷粒宽3.77mm。

2020358011 禾糯

（52）2021357031 糯谷

【种质名称】糯谷

【作物类别】水稻

【分类】禾本科稻属亚洲栽培稻种

【学名】*Oryza sativa* L.

【来源地】宁德市蕉城区

【农民认知】本地种，口感好。

【利用价值】可食用；具糯性，可做米粿，或煮稀饭，口感好。

【主要特征特性】该水稻属常规粳型糯稻，谷粒阔卵形，颖尖褐色，颖色黄，种皮白色。株高131.1cm，有效穗数8.4，穗长24.6cm，结实率83.7%，千粒重28.13g，谷粒长7.73mm，谷粒宽3.59mm。

2021357031 糯谷

（53）2021357035 糯稻（术谷）

【种质名称】糯稻（术谷）

【作物类别】水稻

【分类】禾本科稻属亚洲栽培稻种

【学名】*Oryza sativa* L.

【来源地】宁德市蕉城区

【农民认知】口感好，黏度高。

【利用价值】可食用；具糯性，可做米粿，或煮稀饭，口感好。

【主要特征特性】该水稻属常规粳型糯稻，谷粒阔卵形，颖尖黄色，颖色黄，种皮白色。株高105.3cm，有效穗数14.0，穗长18.3cm，结实率88.6%，千粒重28.01g，谷粒长7.15mm，谷粒宽3.78mm。

2021357035 糯稻（术谷）

第二节 薯类作物

（54）2017354088 罗源新种花

【种质名称】罗源新种花

【作物类别】甘薯

【分类】旋花科番薯属

【学名】*Ipomoea batatas*（L.）Lam.

【来源地】福州市罗源县

【农民认知】果实较大，肉白色，吃起来不甜，口感脆。

【利用价值】蒸煮烤制后直接食用，或加工成人们日常喜爱食用的淀粉、粉丝、粉皮等。

【主要特征特性】该薯株型半直立，主蔓长度为281.0cm，基部分枝9.2。顶芽绿色，顶叶绿色，顶叶形状为浅复缺刻，叶色绿，叶片形状为浅复缺刻，叶脉浅紫，脉基浅紫，叶柄绿色，柄基紫色，茎主色绿，茎次色紫，茎直径中等，节间长度中等；薯形为纺锤形，薯皮主色红，薯肉主色白，无薯肉次色，薯肉颜色分布均匀，结薯习性集中，干物率为27.51%。

2017354088 罗源新种花

（55）2017355014 红皮地瓜

【种质名称】红皮地瓜

【作物类别】甘薯

【分类】旋花科番薯属

【学名】*Ipomoea batatas*（L.）Lam.

【来源地】三明市三元区

【农民认知】皮红色，口感粉，不黏牙。

【利用价值】具有润肠通便、降血脂的功效，可烤食、蒸食、煮食，也可生吃，粉而不黏，口感好。

2017355014 红皮地瓜

【主要特征特性】该薯株型半直立，主蔓长度为396.0cm，基部分枝7.6。顶芽绿色，顶叶绿色，顶叶形状为深复缺刻，叶色绿，叶片形状为深复缺刻，叶脉绿色，脉基紫色，叶柄绿色，柄基紫色，茎主色浅紫，茎次色绿，茎直径中等，节间长度中等；薯形为纺锤形，薯皮主色红皮，薯肉主色白，无薯肉次色，薯肉颜色分布均匀，结薯习性集中，干物率为26.77%。

（56）2017355058 地瓜

【种质名称】地瓜

【作物类别】甘薯

【分类】旋花科番薯属

【学名】*Ipomoea batatas*（L.）Lam.

【来源地】三明市三元区

【农民认知】产量高，口感软糯清甜。

【利用价值】具有润肠通便、降血脂的功效，可烤食、蒸食、煮食，也可生吃，其嫩茎叶也可炒食。

【主要特征特性】该薯株型半直立，主蔓长度为150.0cm，基部分枝7.3。顶芽绿色，顶叶绿色，顶叶形状为心带齿，叶色绿，叶片形状为心带齿，叶脉浅紫，脉基浅紫，叶柄绿色，柄基紫色，茎主色绿，茎次色浅紫，茎直径中等，节间长度中等；薯形为长纺锤形，薯皮主色红，薯肉主色白，无薯肉次色，薯肉颜色分布较均匀，结薯习性集中，干物率为25.88%。

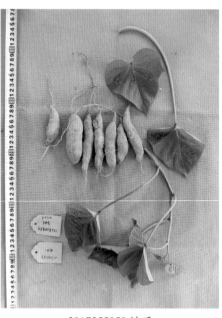

2017355058 地瓜

（57）2017355110 地瓜

【种质名称】地瓜

【作物类别】甘薯

【分类】旋花科番薯属

【学名】*Ipomoea batatas*（L.）Lam.

【来源地】三明市三元区

【农民认知】甘甜，好吃，出粉多。

【利用价值】块大，可直接鲜食，也可煮食，其嫩茎叶也可炒食；也可作为饲料直接喂食牲畜。

【主要特征特性】该薯株型半直立，主蔓长度为145.0cm，基部分枝8.1。顶芽绿色，顶叶绿色，顶叶形状为深复缺刻，叶色绿，叶片形状为深复缺刻，

2017355110 地瓜

叶脉浅绿，脉基浅紫，叶柄绿色，柄基绿色，茎主色绿，茎次色无，茎直径中等，节间长度中等；薯形为纺锤形，薯皮主色红，薯肉主色白，无薯肉次色，薯肉颜色分布均匀，结薯习性集中，干物率为28.39%。

(58) 2018351041 本地甘薯2号

【种质名称】本地甘薯2号

【作物类别】甘薯

【分类】旋花科番薯属

【学名】*Ipomoea batatas*（L.）Lam.

【来源地】漳州市龙海区

【农民认知】可食用，也可饲用。

【利用价值】可食用，块根和嫩茎叶可煮食或炒食；也可作饲料，将生块茎及茎叶喂猪，块根部分淀粉含量较多，可作为能量饲料使用；甘薯茎叶蛋白质含量丰富，可作为畜禽饲料良好蛋白质来源。

2018351041 本地甘薯2号

【主要特征特性】该薯株型半直立，主蔓长度为166.0cm，基部分枝7.2。顶芽绿色，顶叶绿色，顶叶形状为深复缺刻，叶色绿，叶片形状为深复缺刻，叶脉紫色，脉基紫色，叶柄绿色，柄基紫色，茎主色浅紫，茎次色绿，茎直径中等，节间长度中等；薯形为长纺锤形，薯皮主色黄，薯肉主色红，无薯肉次色，薯肉颜色分布均匀，结薯习性较集中，干物率为28.83%。

(59) 2018351124 书洋甘薯2号

【种质名称】书洋甘薯2号

【作物类别】甘薯

【分类】旋花科番薯属

【学名】*Ipomoea batatas*（L.）Lam.

【来源地】漳州市南靖县

【农民认知】形状长，食用口感较好。

【利用价值】可食用，块根和嫩茎叶可煮食或炒食；也可作饲料，将生块茎及茎叶喂猪，块根部分淀粉含量较多，可作为能量饲料使用；甘薯茎叶蛋白质含量丰富，可作为畜禽饲料良好蛋白质来源。

【主要特征特性】该薯株型半直立，主蔓长度为

2018351124 书洋甘薯2号

128.0cm，基部分枝11.8。顶芽绿色，顶叶绿色，顶叶形状为浅复缺刻，叶色绿，叶片形状为浅复缺刻，叶脉紫色，脉基紫色，叶柄绿色，柄基绿色，茎主色紫，茎次色绿，茎直径中等，节间长度中等；薯形为纺锤形，薯皮主色浅红，薯肉主色白，无薯肉次色，薯肉颜色分布均匀，结薯习性较集中，干物率为22.36%。

（60）2018355035 硬块地瓜

【种质名称】硬块地瓜

【作物类别】甘薯

【分类】旋花科番薯属

【学名】*Ipomoea batatas*（L.）Lam.

【来源地】漳州市诏安县

【农民认知】口感粉、出粉多。

【利用价值】食用口感好，可补脾胃、养心神；可煮食、蒸食，煮红薯粥口感粉、出粉多。

【主要特征特性】该薯株型半直立，主蔓长度为198.0cm，基部分枝8.6。顶芽绿色，顶叶绿色，顶叶形状为心形，叶色绿，叶片形状为心形，叶脉绿，脉基紫色，叶柄绿色，柄基绿色，茎主色绿，无茎次色，茎直径粗，节间长度中等；薯形为纺锤形，薯皮主色黄，薯肉主色白，无薯肉次色，薯肉颜色分布均匀，结薯习性集中，干物率为27.64%。

2018355035 硬块地瓜

（61）2018355040 诏安甘薯

【种质名称】诏安甘薯

【作物类别】甘薯

【分类】旋花科番薯属

【学名】*Ipomoea batatas*（L.）Lam.

【来源地】漳州市诏安县

【农民认知】质优，是老一辈人灾荒时期的口粮。

【利用价值】块茎和茎叶均可食用，可以有效增加饱腹感，缓解饥饿；用来煮粥或水煮食用，口感粉糯。

【主要特征特性】该薯株型半直立，主蔓长度为145.0cm，基部分枝6.4。顶芽浅紫色，顶叶绿色，顶叶形

2018355040 诏安甘薯

状为心形，叶色绿，叶片形状为心形，叶脉绿色，脉基浅紫，叶柄绿色，柄基浅紫，茎主色绿，无茎次色，茎直径中等，节间长度中等；薯形为纺锤形，薯皮主色红，薯肉主色浅红，无薯肉次色，薯肉颜色分布均匀，结薯习性集中，干物率为25.07%。

（62）2018355043 细藤子地瓜

【种质名称】细藤子地瓜

【作物类别】甘薯

【分类】旋花科番薯属

【学名】*Ipomoea batatas* (L.) Lam.

【来源地】漳州市诏安县

【农民认知】祖辈流传下来的品种，口感粉甜，出粉率较高。

【利用价值】可以补脾胃、养心神；是当地煮粥、蒸食传统品种，口感粉甜，出粉率较高。

【主要特征特性】该薯株型半直立，主蔓长度为256.8cm，基部分枝10.8。顶芽紫色，顶叶绿带紫，顶叶形状为深复缺刻，叶色绿，叶片形状为深复缺刻，叶脉绿色，脉基绿色，叶柄绿色，柄基绿色，茎主色绿，茎次色浅紫，茎直径细，节间长度中等；薯形为纺锤形，薯皮主色红，薯肉主色浅黄，薯肉次色白，薯肉颜色分布均匀，结薯习性集中，干物率为26.35%。

2018355043 细藤子地瓜

（63）2018355044 红肉地瓜

【种质名称】红肉地瓜

【作物类别】甘薯

【分类】旋花科番薯属

【学名】*Ipomoea batatas* (L.) Lam.

【来源地】漳州市诏安县

【农民认知】薯心橙红色，口感较甜，适合煮食。

【利用价值】具有补虚，健脾、开胃的功效；多用来煮食、煮粥；薯心橙红色，口感较甜，适合煮食。

【主要特征特性】该薯株型半直立，主蔓长度为263.5cm，基部分枝10.8。顶芽浅紫色，顶叶绿色，顶叶形状为心形，叶色绿，叶片形状为尖心形，叶脉绿色，脉基绿色，叶柄绿色，柄基绿色，茎主色

2018355044 红肉地瓜

绿，无茎次色，茎直径中等，节间长度中等；薯形为纺锤形，薯皮主色红，薯肉主色红，薯肉次色白，薯肉颜色分布均匀，结薯习性集中，干物率为28.54%。

（64）2018355045 黄白地瓜

【种质名称】黄白地瓜

【作物类别】甘薯

【分类】旋花科番薯属

【学名】*Ipomoea batatas*（L.）Lam.

【来源地】漳州市诏安县

【农民认知】口感粉，出粉多。

【利用价值】有健脾、开胃的功效，常以蒸食、水煮、煮粥等方式食用。

【主要特征特性】该薯株型半直立，主蔓长度为270.2cm，基部分枝13.6。顶芽紫色，顶叶绿色，顶叶形状为心形，叶色绿，叶片形状为心形，叶脉绿色，脉基绿色，叶柄绿色，柄基绿色，茎主色绿，茎次色绿，茎直径中等，节间长度中等；薯形为纺锤形，薯皮主色黄，薯肉主色浅黄，薯肉次色白，薯肉颜色分布均匀，结薯习性集中，干物率为33.72%。

2018355045 黄白地瓜

（65）2018355046 花心地瓜

【种质名称】花心地瓜

【作物类别】甘薯

【分类】旋花科番薯属

【学名】*Ipomoea batatas*（L.）Lam.

【来源地】漳州市诏安县

【农民认知】口感甜，粉糯。

【利用价值】具有补虚、开胃的功效；煮粥、水煮口感甜、粉糯。

【主要特征特性】该薯株型半直立，主蔓长度为276.9cm，基部分枝10.2。顶芽绿色，顶叶绿色，顶叶形状为心形，叶色绿，叶片形状为心形，叶脉绿色，脉基紫色，叶柄绿色，柄基紫色，茎主色绿，茎次色绿，茎直径中等，节间长度中等；薯形为纺锤形，薯皮主色红，薯肉主色浅红，薯肉次色白，

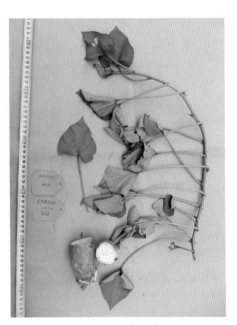

2018355046 花心地瓜

薯肉颜色分布均匀，结薯习性集中，干物率为26.53%。

（66）2018355050 地瓜

【种质名称】地瓜

【作物类别】甘薯

【分类】旋花科番薯属

【学名】*Ipomoea batatas*（L.）Lam.

【来源地】漳州市诏安县

【农民认知】嫩叶嫩茎鲜嫩可口，根茎可生食或煮食口感好。

【利用价值】可作为菜用甘薯；食用有抗癌、保护心脏、预防肺气肿、糖尿病、减肥等功效；嫩叶嫩茎、块茎均能食用，嫩叶嫩茎鲜嫩可口，根茎可生食或煮食，口感好。

【主要特征特性】该薯株型半直立，主蔓长度为283.6cm，基部分枝9.7。顶芽绿色，顶叶绿色，顶叶形状为深复缺刻，叶色绿，叶片形状为深复缺刻，叶脉绿色，脉基绿色，叶柄绿色，柄基绿色，茎主色绿，无茎次色，茎直径中等，节间长度中等；薯

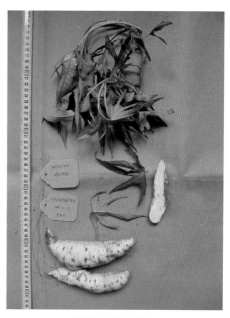

2018355050 地瓜

形为长纺锤形，薯皮主色黄，薯肉主色黄，无薯肉次色，薯肉颜色分布均匀，结薯习性差，干物率为27.64%。

（67）2018355077 黄心地瓜

【种质名称】黄心地瓜

【作物类别】甘薯

【分类】旋花科番薯属

【学名】*Ipomoea batatas*（L.）Lam.

【来源地】漳州市诏安县

【农民认知】口感好，抗性强，产量高，市场销售价格高。

【利用价值】可直接高效鲜食或制粉，加工成地瓜粉等地方特色小吃。

【主要特征特性】该薯株型半直立，主蔓长度为290.3cm，基部分枝

2018355077 黄心地瓜

13.7。顶芽紫色，顶叶绿色，顶叶形状为深复缺刻，叶色绿，叶片形状为深复缺刻，叶脉绿色，脉基紫色，叶柄绿色，柄基绿色，茎主色绿，茎次色绿，茎直径中等，节间长度中等；

薯形为纺锤形，薯皮主色红，薯肉主色浅黄，薯肉次色白，薯肉颜色分布均匀，结薯习性集中，干物率为26.11%。

（68）2018355142 红薯

【种质名称】红薯

【作物类别】甘薯

【分类】旋花科番薯属

【学名】*Ipomoea batatas* (L.) Lam.

【来源地】宁德市屏南县

【农民认知】优质，煮食后味甜，淀粉含量高。

【利用价值】可食用，可用来加工地方特色小吃；块根和嫩茎叶都可煮食或炒食，煮食甜，淀粉含量高。

【主要特征特性】该薯株型半直立，主蔓长度为297.0cm，基部分枝8.2。顶芽紫色，顶叶紫色，顶叶形状为心形，叶色绿，叶片形状为心形，

2018355142 红薯

叶脉绿色，脉基绿色，叶柄绿色，柄基绿色，茎主色绿，无茎次色，茎直径中等，节间长度中等；薯形为长纺锤形，薯皮主色红，薯肉主色白，无薯肉次色，薯肉颜色分布均匀，结薯习性集中，干物率为24.98%。

（69）2018355144 碟薯

【种质名称】碟薯

【作物类别】甘薯

【分类】旋花科番薯属

【学名】*Ipomoea batatas* (L.) Lam.

【来源地】宁德市屏南县

【农民认知】优质，清甜，薯味浓。

【利用价值】可食用，块根和嫩茎叶都可煮食或炒食；是直接煮食或用来煮粥的优质原料，口感清甜，薯味浓郁。

【主要特征特性】该薯株型半直立，主蔓长度为310.5cm，基部分枝7.2。顶芽浅紫色，顶叶褐绿，顶叶

2018355144 碟薯

形状为浅复缺刻，叶色褐绿，叶片形状为浅复缺刻，叶脉浅紫，脉基紫色，叶柄紫色，柄基紫色，茎主色紫，无茎次色，茎直径中等，节间长度中等；薯形为纺锤形，薯皮主色红，薯肉主色白，无薯肉次色，薯肉颜色分布均匀，结薯习性集中，干物率为28.76%。

(70) 2019351367 本地甘薯

【种质名称】本地甘薯

【作物类别】甘薯

【分类】旋花科番薯属

【学名】*Ipomoea batatas* (L.) Lam.

【来源地】漳州市平和县

【农民认知】甜。

【利用价值】可食用，有增强人体抗病能力、提高免疫功能等功效。

【主要特征特性】该薯株型半直立，主蔓长142.0cm，基部分枝6.1。顶芽绿色，顶叶绿，顶叶形状为心形，叶色绿，叶片形状为心形，叶脉紫色，脉基紫色，叶柄绿，柄基绿色，茎主色绿，茎次色紫，茎直径粗，节间长为中；薯形为纺锤形，薯皮主色红，无薯皮次色，薯肉主色浅黄，无薯肉次色，薯肉颜色分布均匀，结薯习性集中，薯块干物率37.97%。

2019351367 本地甘薯

(71) 2019351376 红心甘薯

【种质名称】红心甘薯

【作物类别】甘薯

【分类】旋花科番薯属

【学名】*Ipomoea batatas* (L.) Lam.

【来源地】漳州市平和县

【农民认知】红心、甜。

【利用价值】可食用，营养齐全，有减肥功效。烹饪食用做法种类多，可蒸、烤、煮食。

【主要特征特性】该薯株型半直立，主蔓长度为198.0cm，基部分枝7.2。顶芽绿色，顶叶绿色，顶叶形状为心形，叶色绿，叶片形状为绿色，叶脉绿色，脉基绿色，叶柄绿色，柄基绿色，茎主色绿，无茎次色，茎直径粗，节间长为中；薯形为短纺锤形，薯皮主色白，无薯皮次色，薯肉主色白，无薯

2019351376 红心甘薯

肉次色，薯肉颜色分布均匀，结薯习性集中，薯块干物率36.25%。

（72）2019357217 黄心地瓜

【种质名称】黄心地瓜

【作物类别】甘薯

【分类】旋花科番薯属

【学名】*Ipomoea batatas* (L.) Lam.

【来源地】宁德市周宁县

【农民认知】味清香。

【利用价值】可食用，甘薯叶可水煮后拌食，甘薯块茎可清蒸后直接食用，口感好。

【主要特征特性】该薯株型半直立，主蔓长度为172.0cm，基部分枝6.7。顶芽绿色，顶叶绿带紫，顶叶形状为心形，叶色绿，叶片形状为心形，叶脉紫，脉基紫，叶柄紫，柄基绿色，茎主色紫，茎次色绿，茎直径中等，节间长为短；薯形为短纺锤形，薯皮主色浅红，无薯皮次色，薯肉主色浅红，薯肉次色紫，薯肉颜色分布不均匀，结薯习性集中，薯块干物率23.15%。

2019357217 黄心地瓜

（73）2021351306 本地甘薯3号

【种质名称】本地甘薯3号

【作物类别】甘薯

【分类】旋花科番薯属

【学名】*Ipomoea batatas* (L.) Lam.

【来源地】龙岩市武平县

【农民认知】粗放式管理，好种植，食用口感较好。

【利用价值】可食用，块根和嫩茎叶可煮食或炒食；也可作饲料，将生块茎及茎叶喂猪，块根部分淀粉含量较多，可作为能量饲料使用；甘薯茎叶蛋白质含量丰富，可作为畜禽饲料良好蛋白质来源。

【主要特征特性】该薯株型半直立，主蔓长度为119.0cm，基部分枝12。顶芽绿色，顶叶绿色，顶叶形状为浅缺刻，叶色绿，叶片形状为浅缺刻，叶脉绿色，脉基绿色，叶柄绿色，柄基绿色，茎主色绿，无茎次色，茎直径

2021351306 本地甘薯3号

中等，节间长中等；薯形为纺锤形，薯皮主色红，无薯皮次色，薯肉主色白，无薯肉次色，薯肉颜色分布均匀，结薯习性集中，薯块干物率22.45%。

（74）2021353032 河东菜薯

【种质名称】河东菜薯

【作物类别】甘薯

【分类】旋花科番薯属

【学名】*Ipomoea batatas*（L.）Lam.

【来源地】三明市建宁县

【农民认知】叶子细嫩，薯肉较粗。

【利用价值】叶子和薯块均可食用，块根和嫩茎叶可煮食或炒食，常用于水煮，也可制作成地瓜干；甘薯总黄酮含量高，是高黄酮叶菜型甘薯育种良好材料。

2021353032 河东菜薯

【主要特征特性】该薯株型半直立，主蔓长度为133.8cm，基部分枝12.8。顶芽绿色，顶叶绿色，顶叶形状为心形，叶色绿，叶片形状为心形，叶脉绿色，脉基绿色，叶柄绿色，柄基绿色，茎主色绿，无茎次色，茎直径中等，节间长中等；薯形为纺锤形，薯皮主色黄，无薯皮次色，薯肉主色黄，无薯肉次色，薯肉颜色分布均匀，结薯习性松散，薯块干物率20.5%，甘薯总黄酮含量14.60mg/g；是高黄酮叶菜型甘薯育种良好材料。

（75）2021353034 高圳香芋薯

【种质名称】高圳香芋薯

【作物类别】甘薯

【分类】旋花科番薯属

【学名】*Ipomoea batatas*（L.）Lam.

【来源地】三明市建宁县

【农民认知】香味足，有芋头香味。

【利用价值】水煮味道甜，具有润肠通便、健胃等功效；可生食、水煮或制作地瓜干。

2021353034 高圳香芋薯

【主要特征特性】该薯株型半直立，主蔓长度为245.2cm，基部分枝7.3。顶芽绿色，顶叶绿色，顶叶形状为深复缺刻，叶色绿，叶片形状为深复缺刻，叶脉浅紫色，脉基紫色，叶柄绿色，柄基浅紫色，茎主色浅紫，茎次色绿，茎直径中等，节间长中等；薯形长纺锤形，薯皮主色浅紫，无薯皮次色，薯肉主色浅紫，薯肉次色黄，薯肉颜色分布不均匀，结薯习性较松散，薯块干物率33.18%。

（76）2021353035 高圳老73

【种质名称】高圳老73

【作物类别】甘薯

【分类】旋花科番薯属

【学名】*Ipomoea batatas*（L.）Lam.

【来源地】三明市建宁县

【农民认知】产量高，耐旱，可食用，口感好。

【利用价值】块根和嫩茎叶可煮食或炒食。

【主要特征特性】该薯株型半直立，主蔓长度为162.0cm，基部分枝9.8。顶芽绿色，顶叶绿色，顶叶形状为单缺刻，叶色绿，叶片形状为单缺

2021353035 高圳老73

刻，叶脉绿色，脉基紫色，叶柄绿色，柄基浅紫色，茎主色绿，茎次色浅紫，茎直径中等，节间长中等；薯形为不规则形，薯皮主色黄，无薯皮次色，薯肉主色黄，薯肉次色浅红，薯肉颜色分布不均匀，结薯习性松散，薯块干物率24.96%。

（77）2021353036 高圳本地种

【种质名称】高圳本地种

【作物类别】甘薯

【分类】旋花科番薯属

【学名】*Ipomoea batatas*（L.）Lam.

【来源地】三明市建宁县

【农民认知】产量中等，可食用，口感好。

【利用价值】块根和嫩茎叶可煮食或炒食。

【主要特征特性】该薯株型半直立，主蔓长度为99.2cm，基部分枝8.3。顶芽绿色，顶叶绿色，顶叶形状为深复缺刻，叶色

2021353036 高圳本地种

绿，叶片形状为深复缺刻，叶脉绿色，脉基浅紫色，叶柄绿色，柄基浅紫色，茎主色绿，茎次色浅紫，茎直径中等，节间长中等；薯形为纺锤形，薯皮主色黄，无薯皮次色，薯肉主色黄，无薯肉次色，薯肉颜色分布均匀，结薯习性较松散，薯块干物率23.96%。

（78）2021353039 里心香粉薯

【种质名称】里心香粉薯

【作物类别】甘薯

【分类】旋花科番薯属

【学名】*Ipomoea batatas* (L.) Lam.

【来源地】三明市建宁县

【农民认知】薯肉粉、香。

【利用价值】可食用，有润肠通便
的功效，块根和嫩茎叶可煮食或炒食，
食用口感好、粉糯。

【主要特征特性】该薯株型半直
立，主蔓长度为239.1cm，基部分枝
7.5。顶芽绿色，顶叶绿色，顶叶形状
为心形，叶色绿，叶片形状为心形，

2021353039 里心香粉薯

叶脉绿色，脉基浅紫色，叶柄绿色，柄基绿色，茎主色绿，无茎次色，茎直径粗，节间长
中等；薯形为纺锤形，薯皮主色红，无薯皮次色，薯肉主色白，无薯肉次色，薯肉颜色分
布均匀，结薯习性集中，薯块干物率36.6%。

（79）2021353040 里心香糯薯

【种质名称】里心香糯薯

【作物类别】甘薯

【分类】旋花科番薯属

【学名】*Ipomoea batatas* (L.) Lam.

【来源地】三明市建宁县

【农民认知】薯肉粉、香。

【利用价值】可食用，块根和嫩茎
叶可煮食或炒，也可加工成地瓜粉或
者地瓜干；蒸煮食用口感软糯。

【主要特征特性】该薯株型半直
立，主蔓长度为245.7cm，基部分枝
8.5。顶芽绿色，顶叶绿色，顶叶形状

2021353040 里心香糯薯

为深复缺刻，叶色绿，叶片形状为深复缺刻，叶脉绿色，脉基全紫色，叶柄全紫色，柄基
全紫色，茎主色全紫，无茎次色，茎直径中等，节间长中等；薯形为纺锤形，薯皮主色紫，
无薯皮次色，薯肉主色白，无薯肉次色，薯肉颜色分布均匀，结薯习性集中，薯块干物率
30.23%。

（80）2021353042 安寅铁薯

【种质名称】安寅铁薯

【作物类别】甘薯

【分类】旋花科番薯属

【学名】*Ipomoea batatas* (L.) Lam.

【来源地】三明市建宁县

【农民认知】淀粉率高。

【利用价值】可直接蒸煮食用，水

2021353042 安寅铁薯

煮味道甜，有润肠通便、健胃的功效；食用口感好，可制成地瓜干食用，干物率高；可作为甘薯育种材料。

【主要特征特性】该薯株型半直立，主蔓长度为202.1cm，基部分枝5.8。顶芽绿色，顶叶绿色，顶叶形状为心形，叶色绿，叶片形状为心形，叶脉绿色，脉基绿色，叶柄绿色，柄基绿色，茎主色绿，无茎次色，茎直径中等，节间长长；薯形为不规则形，薯皮主色红，无薯皮次色，薯肉主色浅黄，无薯肉次色，薯肉颜色分布均匀，结薯习性集中，薯块干物率高达37.62%。

（81）2021353201 东桥早薯

【种质名称】东桥早薯

【作物类别】甘薯

【分类】旋花科番薯属

【学名】*Ipomoea batatas* (L.) Lam.

【来源地】三明市宁化县

【农民认知】早熟。

【利用价值】食用方式多为煮食或

生食；常煮食，生食甜脆。

2021353201 东桥早薯

【主要特征特性】该薯株型半直立，主蔓长度为192.3cm，基部分枝10.2。顶芽浅紫色，顶叶绿带紫，顶叶形状为心形，叶色绿，叶片形状为心形，叶脉浅紫色，脉基浅紫色，叶柄浅紫色，柄基浅紫色，茎主色绿，茎次色浅紫，茎直径细，节间长中等；薯形为长纺锤形，薯皮主色紫，无薯皮次色，薯肉主色紫，无薯肉次色，薯肉颜色分布均匀，结薯习性较松散，薯块干物率26.37%。

（82）2021353202 东桥黄地瓜

【种质名称】东桥黄地瓜

【作物类别】甘薯

【分类】旋花科番薯属

【学名】*Ipomoea batatas* (L.) Lam.

【来源地】三明市宁化县

【农民认知】薯肉颜色好看，呈黄色。

【利用价值】可食用；有健脾、安神等功效，直接食用，味道粉糯。

【主要特征特性】该薯株型半直立，主蔓长度为176.9cm，基部分枝7.2。顶芽绿色，顶叶绿色，顶叶形状为心形，叶色绿，叶片形状为心形，叶脉绿色，脉基浅紫色，叶柄绿色，柄基绿色，茎主色绿，无茎次色，茎直径中等，节间长中等；薯形为长纺锤形，薯皮主色红，无薯皮次色，薯肉主色黄，无薯肉次色，薯肉颜色分布均匀，结薯习性集中，薯块干物率29.49%。

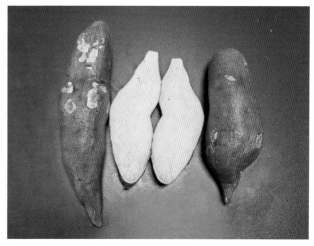

2021353202 东桥黄地瓜

（83）2021353203 东桥紫叶薯

【种质名称】东桥紫叶薯

【作物类别】甘薯

【分类】旋花科番薯属

【学名】*Ipomoea batatas* (L.) Lam.

【来源地】三明市宁化县

【农民认知】叶子紫色，产量一般。

【利用价值】嫩茎叶与块茎均可食用，有养胃、降血糖的功效；可与米饭一起蒸煮做成稀饭，或炒食炖汤食用。

2021353203 东桥紫叶薯

【主要特征特性】该薯株型半直立，主蔓长度为127.0cm，基部分枝10.8。顶芽绿带紫，顶叶浅紫，顶叶形状为心形，叶色浅紫色，叶片形状为心形，叶脉紫色，脉基紫色，叶柄紫色，柄基紫色，茎主色紫，无茎次色，茎直径中等，节间长中等；薯形为长纺锤形，薯皮主色黄，无薯皮次色，薯肉主色黄，无薯肉次色，薯肉颜色分布均匀，结薯习性松散，薯块干物率21.83%。

（84）2021353205 延祥红心地瓜

【种质名称】延祥红心地瓜

【作物类别】甘薯

【分类】旋花科番薯属

【学名】*Ipomoea batatas* (L.) Lam.

【来源地】三明市宁化县

【农民认知】红肉地瓜，好吃。

【利用价值】有舒筋活血，止咳化痰，祛风止痛的功效；可炒食、煮食，口感好。

【主要特征特性】该薯株型半直立，主蔓长度为119.7cm，基部分枝

2021353205 延祥红心地瓜

12.7。顶芽绿色，顶叶绿色，顶叶形状为心形，叶色绿，叶片形状为心形，叶脉浅紫色，脉基浅紫色，叶柄绿色，柄基绿色，茎主色绿，无茎次色，茎直径细，节间长中等；薯形为不规则形，薯皮主色黄，无薯皮次色，薯肉主色黄，无薯肉次色，薯肉颜色分布均匀，结薯习性松散，薯块干物率22.78%。

（85）2021353206 中沙叶菜薯

【种质名称】中沙叶菜薯

【作物类别】甘薯

【分类】旋花科番薯属

【学名】*Ipomoea batatas* (L.) Lam.

【来源地】三明市宁化县

【农民认知】叶子可以当菜吃，像空心菜。

【利用价值】作为菜用甘薯，嫩茎叶可炒食或熬汤，茎叶与块茎均可食

2021353206 中沙叶菜薯

用，有安神除烦、健脾止泻、提高免疫力等功效。

【主要特征特性】该薯株型半直立，主蔓长度为249.1cm，基部分枝10.5。顶芽绿色，顶叶绿色，顶叶形状为心形，叶色绿色，叶片形状为心形，叶脉绿色，脉基绿色，叶柄绿色，柄基绿色，茎主色绿，无茎次色，茎直径中等，节间长中等；薯形为不规则形，薯皮主色黄，无薯皮次色，薯肉主色黄，无薯肉次色，薯肉颜色分布均匀，结薯习性集中，薯块干物率23.56%。

（86）2021353207 中沙丁香薯

【种质名称】中沙丁香薯

【作物类别】甘薯

【分类】旋花科番薯属

【学名】*Ipomoea batatas* (L.) Lam.

【来源地】三明市宁化县

【农民认知】薯肉细、香，好吃。

【利用价值】可食用，常用于煮菜、炖汤，味道好。

【主要特征特性】该薯株型半直立，主蔓长度为199.8cm，基部分枝7.7。顶芽绿色，顶叶绿色，顶叶形状为心形，叶色绿，叶片形状为心形，

2021353207 中沙丁香薯

叶脉绿色，脉基紫色，叶柄绿色，柄基绿色，茎主色绿，无茎次色，茎直径细，节间长短；薯形为纺锤形，薯皮主色红，无薯皮次色，薯肉主色黄，无薯肉次色，薯肉颜色分布均匀，结薯习性松散，薯块干物率26.59%。

（87）2021353208 下埠九里香

【种质名称】下埠九里香

【作物类别】甘薯

【分类】旋花科番薯属

【学名】*Ipomoea batatas* (L.) Lam.

【来源地】三明市宁化县

【农民认知】香气足。

【利用价值】可食用；有养胃、降低血糖的功效，常用于煮粥，口感脆。

2021353208 下埠九里香

【主要特征特性】该薯株型半直立，主蔓长度为237.5cm，基部分枝5。顶芽绿色，顶叶绿带紫，顶叶形状为心形，叶色绿，叶片形状为心形，叶脉浅紫色，脉基紫色，叶柄浅紫色，柄基浅紫色，茎主色褐绿，茎次色紫，茎直径中等，节间长中等；薯形为长纺锤形，薯皮主色黄，无薯皮次色，薯肉主色黄，无薯肉次色，薯肉颜色分布均匀，结薯习性松散，薯块干物率26.17%。

（88）2021353212 抗旱种

【种质名称】抗旱种

【作物类别】甘薯

【分类】旋花科番薯属

【学名】*Ipomoea batatas* (L.) Lam.

【来源地】三明市宁化县

【农民认知】抗干旱。

【利用价值】可食用，常煮食；有润肠通便的功效，可作为抗旱型甘薯

2021353212 抗旱种

的育种材料。

【主要特征特性】该薯株型半直立，主蔓长度为177.7cm，基部分枝8.3。顶芽绿带紫，顶叶绿色，顶叶形状为心带齿，叶色绿，叶片形状为心带齿，叶脉绿色，脉基绿色，叶柄绿色，柄基绿色，茎主色绿，茎次色浅紫，茎直径中等，节间长中等；薯形为长纺锤形，薯皮主色红，无薯皮次色，薯肉主色黄，无薯肉次色，薯肉颜色分布均匀，结薯习性松散，薯块干物率25.16%。

（89）2021355007 四十日薯

【种质名称】四十日薯

【作物类别】甘薯

【分类】旋花科番薯属

【学名】*Ipomoea batatas* (L.) Lam.

【来源地】三明市三元区

【农民认知】甜、粉糯，在高海拔地区种植。

【利用价值】有润肠通便、降血脂的功效；常用烤、蒸、煮等方法食用，也可生吃。

【主要特征特性】该薯株型半直立，主蔓长150.0cm，基部分枝10。顶芽绿色，顶叶绿色，顶叶形状为心形，叶色绿，叶片形状为心形，叶脉

2021355007 四十日薯

绿色，脉基绿色，叶柄绿色，柄基绿色，茎主色绿，无茎次色，茎直径中等，节间长短；薯形为纺锤形，薯皮主色红，无薯皮次色，薯肉主色白，无薯肉次色，薯肉颜色分布均匀，结薯习性集中，薯块干物率25.48%。

（90）2021355017 顶太地瓜-1

【种质名称】顶太地瓜-1

【作物类别】甘薯

【分类】旋花科番薯属

【学名】*Ipomoea batatas* (L.) Lam.

【来源地】三明市三元区

【农民认知】甜、粉糯，在高海拔地区种植，抗病性好。

【利用价值】具有补脾胃、养心神的功效；常蒸煮食用或做成地瓜丸子炸后食用，口感粉糯，甜度高，口感好。

【主要特征特性】该薯株型半直立，主蔓长度为181.0cm，基部分枝7.7。顶芽绿色，顶叶绿

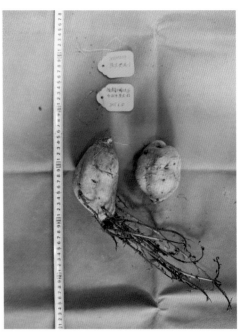

2021355017 顶太地瓜-1

色，顶叶形状为心形，叶色绿，叶片形状为心形，叶脉绿色，脉基绿色，叶柄绿色，柄基绿，茎主色绿，茎次色浅紫，茎直径中等，节间长中等；薯形为纺锤形，薯皮主色红，无薯皮次色，薯肉主色白，无薯肉次色，薯肉颜色分布均匀，结薯习性集中，薯块干物率27.73%。

（91）2021355018 顶太地瓜-2

【种质名称】顶太地瓜-2

【作物类别】甘薯

【分类】旋花科番薯属

【学名】*Ipomoea batatas* (L.) Lam.

【来源地】三明市三元区

【农民认知】甜、粉糯，在高海拔地区种植。

【利用价值】具有补脾胃、养心神的功效；常蒸煮食用或做成地瓜丸子炸后食用，口感粉糯，甜度高，口感好。

【主要特征特性】该薯株型半直立，主蔓长度为153.0cm，基部分枝9.5。顶芽绿色，顶叶绿色，顶叶形状为心带齿，叶色绿，叶片形状为心带齿，叶脉绿色，脉基紫色，叶柄绿色，柄基绿色，茎主色绿，无茎次色，茎直径中等，节间长中等；薯形为纺锤形，薯皮主色红，无薯皮次色，薯肉主色白，无薯肉次色，薯肉颜色分布均匀，结薯习性集中，薯块干物率23.37%。

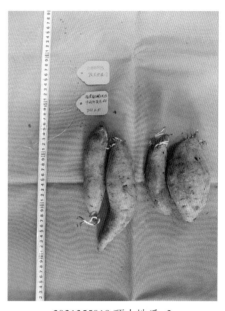

2021355018 顶太地瓜-2

（92）2021355104 青枝地瓜

【种质名称】青枝地瓜

【作物类别】甘薯

【分类】旋花科番薯属

【学名】*Ipomoea batatas* (L.) Lam.

【来源地】漳州市诏安县

【农民认知】红皮黄肉、优质。

【利用价值】可食用，常用以烤食，风味佳。

【主要特征特性】该薯株型半直立，主蔓长度为134.0cm，基部分枝10.5。顶芽绿色，顶叶绿色，顶叶形状为复缺刻，叶色绿，叶片形状为复缺刻，叶脉绿色，脉基绿色，叶柄绿色，柄基绿色，茎主色绿，无茎次色，茎直径细，节间长短；薯形为纺锤形，薯皮主色红，无薯皮次色，薯肉主色浅黄，薯肉颜色浅红，

2021355104 青枝地瓜

薯肉次色分布均匀，结薯习性集中，薯块干物率26.40%。

（93）2021357103 粉地瓜

【种质名称】粉地瓜

【作物类别】甘薯

【分类】旋花科番薯属

【学名】*Ipomoea batatas*（L.）Lam.

【来源地】宁德市周宁县

【农民认知】粉而不黏，口感好。

【利用价值】有润肠通便、降血脂的功效；常用烤、蒸、煮等方法食用，也可生吃。

【主要特征特性】该薯株型半直立，主蔓长度为263.0cm，基部分枝4.6。顶芽绿色，顶叶绿色，顶叶形状为心形，叶色绿，叶片形状为心形，叶脉紫色，脉基紫色，叶柄绿色，柄基紫色，茎主色绿，茎次色紫，茎直径中等，节间长中等；薯形为短纺锤形，薯皮主色红，无薯皮次色，薯肉主色白，无薯肉次色，薯肉颜色分布均匀，结薯习性集中，薯块干物率29.10%。

2021357103 粉地瓜

第三节 豆类作物

（94）2017353003 鹊豆

【种质名称】鹊豆

【作物类别】扁豆

【分类】豆科扁豆属

【学名】*Lablab purpureus*（Linn.）Sweet

【来源地】福州市永泰县

【农民认知】抗性较好。

【利用价值】可食用，常炒制食用。

【主要特征特性】该扁豆缠绕藤本，花色紫，株高3.0 ～ 6.0m，主茎节数30 ～ 70，单株分枝数3 ～ 5。结荚习性为无限结荚，单株荚数100 ～ 200，荚色紫红，荚形半月形，荚长5.0 ～ 12.0cm，荚宽2.0cm，单荚粒数3 ～ 5，单株产量700 ～ 1 000g。粒色暗红，粒形长扁圆形，百粒重46.0g。

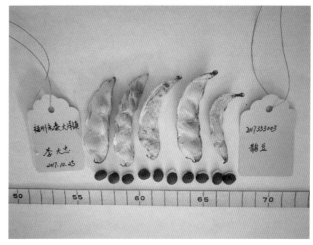

2017353003 鹊豆

（95）2017355077 红边豆

【种质名称】红边豆

【作物类别】扁豆

【分类】豆科扁豆属

【学名】*Lablab purpureus*（Linn.）Sweet

【来源地】三明市三元区

【农民认知】可作为餐食佐料。

【利用价值】消暑清热，解毒消肿，炒食，可食用。

【主要特征特性】该扁豆缠绕藤本，花色紫，株高3.0 ～ 6.0m，主茎节数30 ～ 70，单株分枝数3 ～ 5。结荚习性为无限结荚，单株荚数100 ～ 200，荚色紫红，荚形半月形，荚长5.0 ～ 12.0cm，荚宽2.0cm，单荚粒数3 ～ 5，单株产量700 ～ 1 000g。粒色暗红，粒形长扁圆形，百粒重48.0g。

2017355077 红边豆

（96）2018351112 白扁豆

【种质名称】白扁豆

【作物类别】扁豆

【分类】豆科扁豆属

【学名】*Lablab purpureus*（Linn.）Sweet

【来源地】漳州市南靖县

【农民认知】色浅、白。

【利用价值】可食用、药用，健脾化湿，有利尿消肿、清肝明目等功效，口感好。

【主要特征特性】该扁豆蔓生，花色白，株高88.0cm，主茎节数18，单株分枝数1。结荚习性为无限结荚，单株荚数9，荚色黄，荚形联珠形，荚长6.3cm，荚宽1.6cm，单荚粒数4，单株产量6.4g。粒色黑，粒形扁圆形，百粒重20.0g。

2018351112 白扁豆

（97）2018351329 紫色扁豆

【种质名称】紫色扁豆

【作物类别】扁豆

【分类】豆科扁豆属

【学名】*Lablab purpureus*（Linn.）Sweet

【来源地】漳州市平和县

【农民认知】颜色独特，豆荚和豆都呈紫红色。

【利用价值】可煮食或炒食；颜色独特，可以从中提取天然色素。

【主要特征特性】该扁豆直立，花色紫，株高73.0cm，主茎节数16，单株分枝数2。结荚习性为无限结荚，单株荚数8，荚色紫红，荚形镰刀形，荚长6.8cm，荚宽1.5cm，单荚粒数3.8，单株产量6.5g。粒色紫红，粒形扁圆形，百粒重26.4g。

2018351329 紫色扁豆

（98）2018353087 硬壳画眉豆

【种质名称】硬壳画眉豆

【作物类别】扁豆

【分类】豆科扁豆属

【学名】*Lablab purpureus*（Linn.）Sweet

【来源地】三明市宁化县

【农民认知】壳硬籽粒白色。

【利用价值】可食用、药用；用以炖汤或入药。

【主要特征特性】该扁豆直立，花色白，株高110.0cm，主茎节数18，单株分枝数1。结荚习性为无限结荚，单株荚数13，荚色黄，荚形镰刀形，荚长5.5cm，荚宽1.1cm，单荚粒数3.3，单株产量3.9g。粒色白，粒形扁圆形，百粒重33.4g。

2018353087 硬壳画眉豆

（99）2018356203 白扁豆

【种质名称】白扁豆

【作物类别】扁豆

【分类】豆科扁豆属

【学名】*Lablab purpureus*（Linn.）Sweet

【来源地】南平市邵武市

【农民认知】种色白，口感好。

【利用价值】可食用、药用，健脾化湿，有利尿消肿、清肝明目等功效，口感好。

【主要特征特性】该扁豆缠绕藤本，花色白，株高3～6m。主茎节数30～70，单株分枝数3～6。结荚习性为无限结荚，单株荚数100～250，荚色白，荚形半月形，荚长5.0～12.0cm，荚宽2.0cm，单荚粒数3～5，单株产量700～1 000g。粒色白，粒形扁圆形，百粒重59.0g。

2018356203 白扁豆

（100）2020358012 红旗豆

【种质名称】红旗豆

【作物类别】扁豆

【分类】豆科扁豆属

【学名】*Lablab purpureus* (Linn.) Sweet

【来源地】龙岩市漳平市

【农民认知】花紫色，种子3～5颗，种子紫黑色。

【利用价值】可食用，消暑除湿，健脾止泻，扁豆常用于炒辣椒、炒肉。

【主要特征特性】该扁豆蔓生，花色紫，株高111.0cm，主茎节数21，单株分枝数2。结荚习性为无限结荚，单株荚数8，荚色黄，荚形镰刀形，荚长7.5cm，荚宽2.6cm，单荚粒数4.6，单株产量12g。粒色紫红，粒形扁圆形，百粒重34.0g。

2020358012 红旗豆

（101）2021352048 **大扁豆**

【种质名称】大扁豆

【作物类别】扁豆

【分类】豆科扁豆属

【学名】*Lablab purpureus* (Linn.) Sweet

【来源地】漳州市漳浦县

【农民认知】优质、粒白、味佳、清甜。

【利用价值】有消暑除湿、健脾止泻的功效，以嫩荚和嫩豆作蔬菜，种子可入药，优质、味佳、清甜。

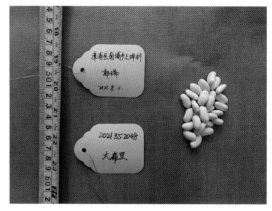

2021352048 大扁豆

【主要特征特性】该菜豆蔓生，花色黄，株高2.7m，主茎节数20，单株分枝数4.4。结荚习性为无限结荚，单株荚数27，荚色绿色，荚形短圆棍形，荚长17.1cm，荚宽0.9cm，单荚粒数7，单株产量22.8g。粒色白，粒形肾形，百粒重48.2g。

（102）2021356055 **本地扁豆**

【种质名称】本地扁豆

【作物类别】扁豆

【分类】豆科扁豆属

【学名】*Lablab purpureus* (Linn.) Sweet

【来源地】南平市邵武市

【农民认知】产量高，抗病，种黑色。

2021356055 本地扁豆

【利用价值】可食用，常用于炖汤等。

【主要特征特性】该扁豆蔓生，花色紫，株高103.0cm，主茎节数16，单株分枝数2。结荚习性为无限结荚，单株荚数8，荚色黄，荚形直形，荚长7.5cm，荚宽2.3cm，单荚粒数4，单株产量12.2g。粒色黑，粒形扁椭圆，百粒重28.4g。

（103）2021356070 本地扁豆-3

【种质名称】本地扁豆-3

【作物类别】扁豆

【分类】豆科扁豆属

【学名】*Lablab purpureus* (Linn.) Sweet

【来源地】南平市邵武市

【农民认知】煮食后口感好。

【利用价值】可食用，当地常用于炖肉、炒肉。

【主要特征特性】该扁豆蔓生，花色紫色，株高91.0cm，主茎节数23，单株分枝数1。结荚习性为无限结荚，单株荚数10，荚色黄，荚形镰刀形，荚长7.3cm，荚宽2.1cm，单荚粒数4.8，单株产量13.9g。粒色黑、红褐，粒形扁椭圆，百粒重31.2g。

2021356070 本地扁豆-3

（104）2021358046 白剪豆

【种质名称】白剪豆

【作物类别】扁豆

【分类】豆科扁豆属

【学名】*Lablab purpureus* (Linn.) Sweet

【来源地】龙岩市漳平市

【农民认知】抗性好，抗灰霉病、抗豆野螟。

【利用价值】可食用、药用，嫩荚蔬食，种子入药，种子有消暑除湿、健脾止泻的功效。

【主要特征特性】该扁豆蔓生，花色紫色，株高87.0cm，主茎节数17，单株分枝数1。结荚习性为无限结荚，单株荚数12，荚色黄色，荚形柱形，荚长5.5cm，荚宽1.8cm，单荚粒数4，单株产量13.2g。粒色红褐，粒形扁椭圆，百粒重30.0g。

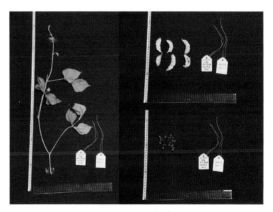

2021358046 白剪豆

（105）2017351047 青皮大豆

【种质名称】青皮大豆

【作物类别】大豆

【分类】豆科大豆属

【学名】*Lycine max*（L.）Merr.

【来源地】三明市明溪县

【农民认知】皮薄，出浆率高。

【利用价值】富含不饱和脂肪酸和大豆磷脂、皂角苷、蛋白酶抑制剂、异黄酮、钼、硒等抗癌成分，以及蛋白质和纤维，可以加工豆腐、豆浆、腐竹等豆制品，还可以提炼大豆异黄酮，榨取豆油，皮薄，出浆率高。

2017351047 青皮大豆

【主要特征特性】该大豆生育日数为114d，粒色黑，子叶绿色，脐色黄，粒形椭圆形，生长习性为直立生长。结荚习性为有限结荚，茸毛色棕，花色紫，株高53.5cm，叶形椭圆形，百粒重39.8g。

（106）2017353041 黄豆白豆子

【种质名称】黄豆白豆子

【作物类别】大豆

【分类】豆科大豆属

【学名】*Lycine max*（L.）Merr.

【来源地】福州市永泰县

【农民认知】磨豆浆用，香气浓。

【利用价值】可食用，嫩种子炒食，种子加工成豆腐或磨成豆浆。

【主要特征特性】该大豆生育日数为117d，粒色绿，子叶黄色，脐色黄，粒形椭

2017353041 黄豆白豆子

圆形，生长习性为直立生长。结荚习性为有限结荚，茸毛色灰，花色白，株高28.5cm，叶形椭圆形，百粒重30.2g。

（107）2017355086 黄豆

【种质名称】黄豆

【作物类别】大豆

【分类】豆科大豆属

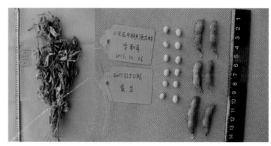

2017355086 黄豆

【学名】*Lycine max*（L.）Merr.

【来源地】三明市三元区

【农民认知】优质，好吃。

【利用价值】可食用，有益气健脾、消暑化湿和利水消肿的功效，常用于做豆腐、磨豆浆、炖排骨。

【主要特征特性】该大豆生育日数为124d，粒色黑，子叶黄色，脐色黄，粒形椭圆形，生长习性为直立生长。结荚习性为有限结荚，茸毛色棕，花色紫，株高45.9cm，叶形椭圆形，百粒重31.9g。

（108）2017355098 小黄豆

【种质名称】小黄豆

【作物类别】大豆

【分类】豆科大豆属

【学名】*Lycine max*（L.）Merr.

【来源地】三明市三元区

【农民认知】优质，适应性强，好吃。

【利用价值】促进消化，降糖降脂，常鲜食或干豆用于做豆腐、豆豉、糖豆。

【主要特征特性】该大豆生育日数为113d，粒色黄，子叶黄色，脐色淡褐，粒形椭圆形，生长习性为直立生长。结荚习性为有限结荚，茸毛色棕，花色紫，株高52.7cm，叶形椭圆形，百粒重19.4g。

2017355098 小黄豆

（109）2018355020 小黄豆

【种质名称】小黄豆

【作物类别】大豆

【分类】豆科大豆属

【学名】*Lycine max*（L.）Merr.

【来源地】漳州市诏安县

【农民认知】品质优，口感好。

【利用价值】有滋补养心、祛风明目的功效，可煮食或加工。

【主要特征特性】该大豆生育日数为112d，粒色黑，子叶绿色，脐色黄，粒形椭圆形，生长习性为直立生长。结荚习性为亚有限结荚，茸毛色棕，花色紫，株高71.3cm，叶形椭圆形，百粒重23.9g。

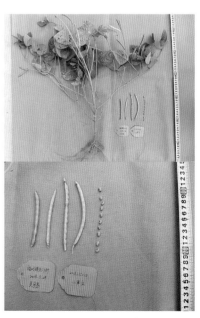

2018355020 小黄豆

(110) 2018355194 黑豆

【种质名称】黑豆

【作物类别】大豆

【分类】豆科大豆属

【学名】*Lycine max*（L.）Merr.

【来源地】宁德市屏南县

【农民认知】优质，豆香浓郁，口感清甜。

【利用价值】可食用，常用于炖菜，补脾利水，提高体力和精力。

【主要特征特性】该大豆生育日数为108d，粒色黑，子叶黄色，脐色黄，粒形椭圆形，生长习性为直立生长。结荚习性为亚有限结荚，茸毛色棕，花色紫，株高68.6cm，叶形椭圆形，百粒重28.3g。

2018355194 黑豆

(111) 2019358072 黑豆

【种质名称】黑豆

【作物类别】大豆

【分类】豆科大豆属

【学名】*Lycine max*（L.）Merr.

【来源地】龙岩市漳平市

【农民认知】色泽好。

【利用价值】可食用，常用于炖汤、煮菜。

【主要特征特性】该大豆生育日数为108d，粒色黑，子叶绿色，脐色黄，粒形椭圆形，生长习性为直立生长。结荚习性为亚有限结荚，茸毛色棕，花色紫、白（分离），株高68.3cm，叶形椭圆形，百粒重26.1g。

2019358072 黑豆

(112) 2020352015 土种黄豆

【种质名称】土种黄豆

【作物类别】大豆

【分类】豆科大豆属

【学名】*Lycine max*（L.）Merr.

【来源地】漳州市漳浦县

【农民认知】品质优，产量中等。

2020352015 土种黄豆

【利用价值】可食用，可以加工豆腐、豆浆、腐竹等豆制品；豆粉则是代替肉类的高蛋白食物，可制成多种食品，包括婴儿食品。

【主要特征特性】该大豆生育日数为91d，粒色黄，子叶黄色，脐色淡褐，粒形椭圆形，生长习性为直立生长。结荚习性为有限结荚，茸毛色灰，花色紫、白（分离），株高46.7cm，叶形椭圆、披针（分离），百粒重17.9g。

（113）2020358005 大粒豆

【种质名称】大粒豆

【作物类别】大豆

【分类】豆科大豆属

【学名】*Lycine max*（L.）Merr.

【来源地】龙岩市漳平市

【农民认知】做豆腐好吃。

【利用价值】可食用，可加工；常用于做豆腐、豆浆等。

【主要特征特性】该大豆生育日数为113d，粒色青，子叶黄色，脐色深褐，粒形椭圆形，生长习性为直立生长。结荚习性为亚有限结荚，茸毛色棕，花色紫、白（分离），株高70.6cm，叶形椭圆形，百粒重28.7g。

2020358005 大粒豆

（114）2021353238 延祥刀豆

【种质名称】延祥刀豆

【作物类别】刀豆

【分类】豆科刀豆属

【学名】*Canavalia ladiata*（Jacq.）DC.

【来源地】三明市宁化县

【农民认知】优质、广适。

【利用价值】嫩荚和种子供食用。

【主要特征特性】该刀豆单荚粒数8，荚形为弯扁条，荚色黄绿，荚长28.0cm，荚宽4.5cm，粒色粉，种皮无光泽，粒形扁圆形，百粒重213.2g。

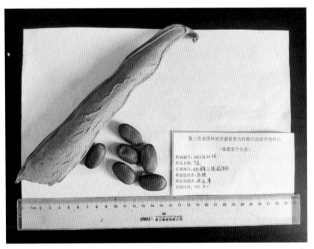

2021353238 延祥刀豆

（115）2017353006 棉豆御豆

【种质名称】棉豆御豆

【作物类别】利马豆

【分类】豆科菜豆属

【学名】*Phaseolus lunatus* L.

【来源地】福州市永泰县

【农民认知】抗性较好。

【利用价值】可食用，常炒食。

【主要特征特性】该利马豆缠绕藤本，花色白，株高3.0～6.0m，主茎节数30～70，单株分枝数3～6。结荚习性为无限结荚，单株荚数100～250，荚色白，荚形半月形，荚长5.0～12.0cm，荚宽2.0cm，单荚粒数3～5，单株产量700.0～1 000.0g。粒色白，粒形扁圆形，百粒重57.0g。

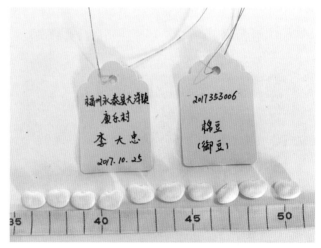

2017353006 棉豆御豆

（116）2018353057 禾眉豆（红皮）

【种质名称】禾眉豆（红皮）

【作物类别】利马豆

【分类】豆科菜豆属

【学名】*Phaseolus lunatus* L.

【来源地】三明市宁化县

【农民认知】籽粒粉、香气足。

【利用价值】可食用，常用于炖汤。

【主要特征特性】该利马豆蔓生，花色黄，株高2.4m，主茎节数17，单株分枝数3。结荚习性为有限结荚，单株荚数25，荚色浅褐，荚形弯圆棍形，荚长17.5cm，荚宽0.6cm，单荚粒数8，单株产量26.4g。粒色红，粒形扁圆形，百粒重52.0g。

2018353057 禾眉豆（红皮）

（117）2018353075 扁花罗豆（大粒）

【种质名称】扁花罗豆（大粒）

【作物类别】利马豆

【分类】豆科菜豆属

【学名】*Phaseolus lunatus* L.

【来源地】三明市宁化县

【农民认知】种子个大。

【利用价值】可食用，嫩荚蔬食。

【主要特征特性】该利马豆蔓生，花色黄，株高1.6m，主茎节数25，单株分枝数6。结荚习性为有限结荚，单株荚数18，荚色黄，荚形直形，荚长9.6cm，荚宽1.8cm，单荚粒数5，单株产量40.9g。粒表有斑纹，粒形扁圆，百粒重115.0g。

2018353075 扁花罗豆（大粒）

（118）2018353076 扁花罗豆（小粒）

【种质名称】扁花罗豆（小粒）

【作物类别】利马豆

【分类】豆科菜豆属

【学名】*Phaseolus lunatus* L.

【来源地】三明市宁化县

【农民认知】种皮光滑。

【利用价值】可食用，嫩荚蔬食。

【主要特征特性】该利马豆蔓生，花色白，株高1.7m，主茎节数23，单株分枝数5。结荚习性为有限结荚，单株荚数15，荚色绿，荚形直形，荚长9.5cm，荚宽1.9cm，单荚粒数3，单株产量42.3g。粒表有斑纹，粒形扁圆，百粒重32.0g。

2018353076 扁花罗豆（小粒）

（119）2018355192 皇帝豆

【种质名称】皇帝豆

【作物类别】利马豆

【分类】豆科菜豆属

【学名】*Phaseolus lunatus* L.

【来源地】宁德市屏南县

【农民认知】口感粉糯。

【利用价值】可食用，常炖煮或鲜籽炒食，具有补血补气功效。

【主要特征特性】该利马豆蔓生，花色紫，株高1.5m，主茎节数23，单株分枝数8。结荚

2018355192 皇帝豆

习性为有限结荚，单株荚数17，荚色黑，荚形直形，荚长9.5cm，荚宽1.9cm，单荚粒数3，单株产量42.1g。粒表有斑纹，粒形扁圆形，百粒重17.0g。

（120）2021351322 民主荷包豆

【种质名称】民主荷包豆

【作物类别】利马豆

【分类】豆科菜豆属

【学名】*Phaseolus lunatus* L.

【来源地】龙岩市武平县

【农民认知】豆较大而味美。

【利用价值】常栽培供观赏，为良好的垂直绿化材料，既可地栽，又能盆养。其豆较大而味美，嫩果可做菜肴，已广泛作为杂豆大宗出口。

【主要特征特性】该利马豆蔓生，花色黄，株高1.9m，主茎节数23，单株分枝数7。结荚习性为有限结荚，单株荚数17，荚色黄，荚形直形，荚长8.9cm，荚宽2.1cm，单荚粒数4，单株产量56.3g。粒色红，粒形扁圆形，百粒重43.0g。

2021351322 民主荷包豆

（121）2021353019 红扁豆

【种质名称】红扁豆

【作物类别】利马豆

【分类】豆科菜豆属

【学名】*Phaseolus lunatus* L.

【来源地】三明市建宁县

【农民认知】颗粒扁、颜色深红。

【利用价值】可食用，具有消暑、祛湿气、止泻的功效；常炒食。

【主要特征特性】该利马豆蔓生，花色黄，株高2.0m，主茎节数25，单株分枝数5。结荚习性为有限结荚，单株荚数19，荚色黄，荚形直形，荚长9.5cm，荚宽2.2cm，单荚粒数4，单株产量51.7g。粒色红，粒形扁圆形，百粒重53.7g。

2021353019 红扁豆

(122) 2021353533 下园紫花御豆

【种质名称】下园紫花御豆

【作物类别】利马豆

【分类】豆科菜豆属

【学名】*Phaseolus lunatus* L.

【来源地】福州市永泰县

【农民认知】口感好。

【利用价值】可食用，炒食口感好。

【主要特征特性】该利马豆蔓生，花色黄，株高1.6m，主茎节数24，单株分枝数8。结荚习性为有限结荚，单株荚数16，荚色黄，荚形直形，荚长8.4cm，荚宽2.7cm，单荚粒数3，单株产量53.4g。粒表有斑纹，粒形扁圆形，百粒重115.5g。

2021353533 下园紫花御豆

(123) 2021353536 下园玉豆

【种质名称】下园玉豆

【作物类别】利马豆

【分类】豆科菜豆属

【学名】*Phaseolus lunatus* L.

【来源地】福州市永泰县

【农民认知】口感好。

【利用价值】可食用，常煮食、炒食。

【主要特征特性】该利马豆蔓生，花色黄，株高2.0m，主茎节数25，单株分枝数5。结荚习性为有限结荚，单株荚数19，荚色黄，荚形弯扁条，荚长9.4cm，荚宽2.2cm，单荚粒数3，单株产量44.9g。粒表有斑纹，粒形扁圆形，百粒重103.0g。

2021353536 下园玉豆

(124) 2021353540 下园小号玉豆

【种质名称】下园小号玉豆

【作物类别】利马豆

【分类】豆科菜豆属

【学名】*Phaseolus lunatus* L.

【来源地】福州市永泰县

【农民认知】口感好。

【利用价值】可食用，常煮食、炒食。

【主要特征特性】该利马豆蔓生，花色黄，株高1.7m，主茎节数25，单株分枝数9。结荚习性为有限结荚，单株荚数16，荚色黄，荚形直形，荚长8.5cm，荚宽2.6cm，单荚粒数3，单株产量53.9g。粒色红，粒形扁圆形，百粒重53g。

2021353540 下园小号玉豆

（125）2021354119 白扁豆

【种质名称】白扁豆

【作物类别】利马豆

【分类】豆科菜豆属

【学名】*Phaseolus lunatus* L.

【来源地】南平市武夷山市

【农民认知】食用较糯。

【利用价值】可食用，常用作配菜。

【主要特征特性】该利马豆蔓生，花色黄，株高2.0m，主茎节数25，单株分枝数5。结荚习性为有限结荚，单株荚数17，荚色黄，荚形直形，荚长9.2cm，荚宽2.1cm，单荚粒数4，单株产量52.8g。粒色白，粒形扁圆形，百粒重34.3g。

2021354119 白扁豆

（126）2021355101 四季豆

【种质名称】四季豆

【作物类别】利马豆

【分类】豆科菜豆属

【学名】*Phaseolus lunatus* L.

【来源地】漳州市诏安县

【农民认知】作配菜。

2021355101 四季豆

【利用价值】可食用，常用作配菜。

【主要特征特性】该菜豆蔓生，花色紫，株高2.7m，主茎节数18，单株分枝数2。结荚习性为有限结荚，单株荚数28，荚色浅褐，荚形弯圆棍形，荚长17.2cm，荚宽0.6cm，单荚粒数6，单株产量22.3g。粒色黑，粒形肾形，百粒重25.8g。

（127）2021355225 花皮皇帝豆

【种质名称】花皮皇帝豆

【作物类别】利马豆

【分类】豆科菜豆属

【学名】*Phaseolus lunatus* L.

【来源地】宁德市屏南县

【农民认知】豆子个大，味道好。

【利用价值】可食用，常用作配菜。

【主要特征特性】该利马豆蔓生，花色黄，株高2.0m，主茎节数20，单株分枝数5。结荚习性为有限结荚，单株荚数20，荚色黄，荚形直形，荚长9.1cm，荚宽2.7cm，单荚粒数3，单株产量45.6g。粒表有斑纹，粒形扁圆形，百粒重120.0g。

2021355225 花皮皇帝豆

（128）2021357030 蕉城黄家白玉豆

【种质名称】蕉城黄家白玉豆

【作物类别】利马豆

【分类】豆科菜豆属

【学名】*Phaseolus lunatus* L.

【来源地】宁德市蕉城区

【农民认知】本地种，口感好。

【利用价值】可食用、药用，可糖煮、盐煮、炒食、烹调佳肴。

【主要特征特性】该利马豆蔓生，花色黄，株高1.9m，主茎节数24，单株分枝数8。结荚习性为有限结荚，单株荚数17，荚色黄，荚形弯扁条，荚长8.5cm，荚宽2cm，单荚粒数3，单株产量49.3g。粒色白，粒形扁圆形，百粒重41.8g。

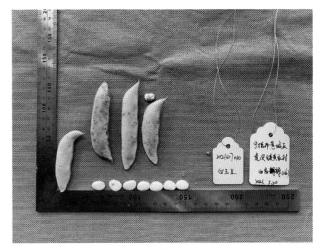

2021357030 蕉城黄家白玉豆

（129）2021357140 红扁豆

【种质名称】红扁豆

【作物类别】利马豆

【分类】豆科菜豆属

【学名】*Phaseolus lunatus* L.

【来源地】宁德市周宁县

【农民认知】可以炒着吃。

【利用价值】可食用，常炒食或做糯米饭。

【主要特征特性】该利马豆蔓生，花色白，株高1.6m，主茎节数23，单株分枝数9。结荚习性为有限结荚，单株荚数23，荚色黄，荚形直形，荚长8.1cm，荚宽1.6cm，单荚粒数3，单株产量61.2g。粒表有斑纹，粒形扁圆，百粒重154g。

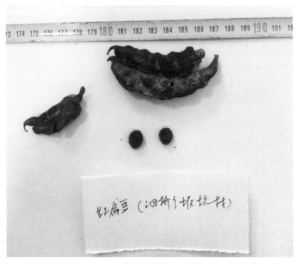

2021357140 红扁豆

（130）2021353251 普通菜豆

【种质名称】普通菜豆

【作物类别】普通菜豆

【分类】豆科菜豆属

【学名】*Phaseolus vularis* L.

【来源地】三明市宁化县

【农民认知】优质、广适。

【利用价值】嫩荚供蔬食，优质、广适。

【主要特征特性】该菜豆蔓生，花色紫，株高2.0m，主茎节数24，单株分枝数4.5。结荚习性为无限结荚，单株荚数27，荚色绿，荚形短圆棍形，荚长16.8cm，荚宽0.7cm，单荚粒数7，单株产量22.9g。粒色褐，粒形肾形，百粒重19.2g。

2021353251 普通菜豆

（131）2021353528 菜豆

【种质名称】菜豆

【作物类别】普通菜豆

【分类】豆科菜豆属

【学名】*Phaseolus vularis* L.

【来源地】福州市永泰县

【农民认知】抗性好，口感好。

【利用价值】可食用，常炒食。

【主要特征特性】该菜豆蔓生，花色黄，株高3.5m，主茎节数21，单株分枝数2。结荚习性为有限结荚，单株荚数28，荚色浅褐，荚形短圆棍形，荚长15.2cm，荚宽1.2cm，单荚粒数6，单株产量23.7g。粒色褐、黑、紫红，粒形肾形，百粒重26.3g。

2021353528 菜豆

（132）2021358036 四季豆

【种质名称】四季豆

【作物类别】普通菜豆

【分类】豆科菜豆属

【学名】*Phaseolus vularis* L.

【来源地】龙岩市漳平市

【农民认知】炒肉好吃。

【利用价值】豆荚可食用，常炒食。

【主要特征特性】该菜豆蔓生，花色黄，株高3.3m，主茎节数23，单株分枝数5。结荚习性为有限结荚，单株荚数28，荚色浅褐，荚形镰刀形，荚长7.0cm，荚宽1.3cm，单荚粒数7，单株产量22.8g。粒色褐，粒形肾形，百粒重27.0g。

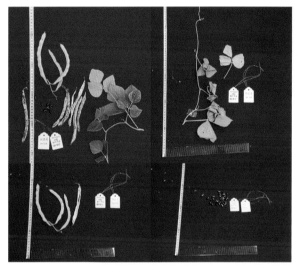

2021358036 四季豆

（133）2021358057 留地洋村黑四季豆

【种质名称】留地洋村黑四季豆

【作物类别】普通菜豆

【分类】豆科菜豆属

【学名】*Phaseolus vularis* L.

【来源地】龙岩市漳平市

【农民认知】优质、广适。

【利用价值】可食用，有调和脏腑、安养精神、益气健脾、消暑化湿和利水消肿的功效；常蒸食、炒食。

【主要特征特性】该菜豆蔓生，花色紫，株高2.8m，主茎节数24，单株分枝数2。结荚习性为有限结荚，单株荚数29，荚色浅褐，荚形长圆棍形，荚长10.9cm，荚宽1.0cm，单荚粒数6，单株产量22.1g。粒色黑，粒形肾形，百粒重26.0g。

2021358057 留地洋村黑四季豆

（134）2017353083 豌豆

【种质名称】豌豆

【作物类别】豌豆

【分类】豆科豌豆属

【学名】*Pisum sativum* L.

【来源地】福州市永泰县

【农民认知】好吃。

【利用价值】可食用、加工；常用于煮食，或磨豆浆、做豆皮、做豆腐。

【主要特征特性】该豌豆株型直立，生育期日数108d。叶表剥蚀斑多，叶腋花青斑明显，复叶叶型普通，

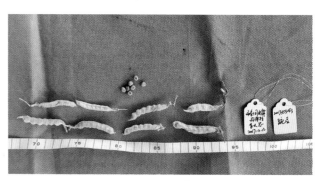

2017353083 豌豆

托叶叶型普通，茎的类型为普通茎，花序类型为单花花序，花色紫红，初花节位10.3，每花序花数1，鲜荚色绿、壁厚，鲜荚荚形为马刀形，荚尖端锐，荚型为软荚。结荚习性为有限结荚，株高93.0cm，主茎节数20，单株分枝数0.5，初荚节位11，单株荚数9，荚长5.8cm，荚宽0.9cm，单荚粒数6.2，单株产量6.5g。荚色灰白，粒形扁球形，种子表面光滑，种皮不透明，粒色淡黄，子叶橙黄色，脐色黄，百粒重15.9g。

（135）2021351217 矮生荷兰豆

【种质名称】矮生荷兰豆

【作物类别】豌豆

【分类】豆科豌豆属

【学名】*Pisum sativum* L.

【来源地】漳州市龙海区

【农民认知】鲜嫩。

【利用价值】种子及嫩荚、嫩苗均可食用；种子含淀粉、油脂，可作药用，品质优。

2021351217 矮生荷兰豆

【主要特征特性】该豌豆株型蔓生，生育期日数116d。叶表剥蚀斑多，叶腋花青斑明显，复叶叶型普通，托叶叶型普通，茎的类型为普通茎，花序类型为多花花序，花色红，初花节位13.2，每花序花数1.9，鲜荚色绿、壁厚，鲜荚荚形为马刀形，荚尖端锐，荚型为软荚。结荚习性为有限结荚，株高88.0cm，主茎节数16，单株分枝数1，初荚节位8，单株荚数9，荚长6.2cm，荚宽1.1cm，单荚粒数6.3，单株产量7.0g。荚色黄，粒形球形，种子表面凹坑，种皮不透明，粒色绿、黄，子叶黄色，脐色褐，百粒重22.9g。

（136）2021352233 罗阳豌豆

【种质名称】罗阳豌豆

【作物类别】豌豆

【分类】豆科豌豆属

【学名】*Pisum sativum* L.

【来源地】福州市闽侯县

【农民认知】品质优，抗病性较强，但忌连作。

【利用价值】种子及嫩荚、嫩苗均可食用；种子含淀粉、油脂，可作药用，品质优。

2021352233 罗阳豌豆

【主要特征特性】该豌豆株型蔓生，生育期日数114d。叶表剥蚀斑多，叶腋花青斑明显，复叶叶型普通，托叶叶型普通，茎的类型为普通茎，花序类型为多花花序，花色红，初花节位10.2，每花序花数1.5，鲜荚色绿、壁厚，鲜荚荚形为马刀形，荚尖端锐，荚型为软荚。结荚习性为有限结荚，株高124.0cm，主茎节数22，单株分枝数2，初荚节位10，单株荚数10，荚长6.8cm，荚宽1.1cm，单荚粒数5.1，单株产量6.4g。荚色黄，粒形球形，种子表面凹坑，种皮不透明，粒色红、黄，子叶黄色，脐色灰白，百粒重19.6g。

（137）2021353114 桂阳豌豆

【种质名称】桂阳豌豆

【作物类别】豌豆

【分类】豆科豌豆属

【学名】*Pisum sativum* L.

【来源地】三明市建宁县

【农民认知】优质、广适。

【利用价值】种子及嫩荚、嫩苗均可食用。

【主要特征特性】该豌豆株型蔓生，生育期日数113d。叶表剥蚀斑多，

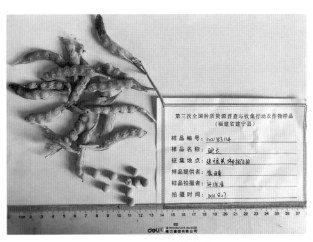

2021353114 桂阳豌豆

叶腋花青斑明显，复叶叶型普通，托叶叶型普通，茎的类型为普通茎，花序类型为多花花序，花色白，初花节位9.8，每花序花数1.6，鲜荚色绿、壁厚，鲜荚荚形为马刀形，荚尖端锐，荚型为软荚。结荚习性为有限结荚，株高93.0cm，主茎节数17，单株分枝数2，初荚节位8，单株荚数8，荚长6.7cm，荚宽1.1cm，单荚粒数4.8，单株产量10.6g。荚色黄，粒形球形，种子表面凹坑，种皮不透明，粒色黄，子叶黄色，脐色黄，百粒重18.1g。

（138）2021353213 雪豆

【种质名称】雪豆

【作物类别】豌豆

【分类】豆科豌豆属

【学名】*Pisum sativum* L.

【来源地】三明市宁化县

【农民认知】好吃。

【利用价值】种子及嫩荚、嫩苗均可食用；茎叶能清凉解暑，口感清脆。

【主要特征特性】该豌豆株型蔓生，生育期日数115d。叶表剥蚀斑多，叶腋花青斑明显，复叶叶型普通，

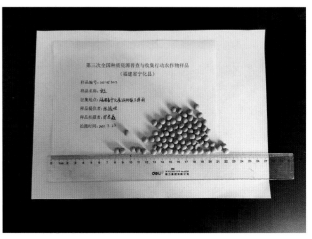

2021353213 雪豆

托叶叶型普通，茎的类型为普通茎，花序类型为多花花序，花色红，初花节位9.8，每花序花数1.7，鲜荚色绿、壁厚，鲜荚荚形为直形，荚尖端锐，荚型为软荚。结荚习性为有限结荚，株高97.0cm，主茎节数21，单株分枝数1，初荚节位11，单株荚数7，荚长7.7cm，荚宽1.1cm，单荚粒数4.6，单株产量13.8g。荚色黄，粒形球形，种子表面光滑，种皮不透明，粒色黄，子叶黄色，脐色白，百粒重24.7g。

（139）2021353245 东桥豌豆

【种质名称】东桥豌豆

【作物类别】豌豆

【分类】豆科豌豆属

【学名】*Pisum sativum* L.

【来源地】三明市宁化县

【农民认知】口感清脆、广适。

【利用价值】种子及嫩荚、嫩苗均可食用；茎叶能清凉解暑，口感清脆。

【主要特征特性】该豌豆株型蔓生，生育期日数115d。叶表剥蚀斑多，叶腋花青斑明显，复叶叶型普通，托

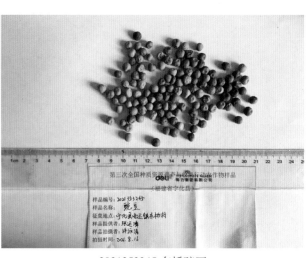

2021353245 东桥豌豆

叶叶型普通，茎的类型为普通茎，花序类型为多花花序，花色红，初花节位9.8，每花序花数1.7，鲜荚色绿、壁厚，鲜荚荚形为马刀形，荚尖端锐，荚型为软荚。结荚习性为有限结荚，株高112.0cm，主茎节数23，单株分枝数1，初荚节位8，单株荚数14，荚长7.0cm，荚宽1.1cm，单荚粒数5.4，单株产量13.4g。荚色黄，粒形球形，种子表面凹坑，种皮不透明，粒色绿，子叶绿色，脐色褐，百粒重20.4g。

(140) 2021353255 中山豌豆

【种质名称】中山豌豆

【作物类别】豌豆

【分类】豆科豌豆属

【学名】*Pisum sativum* L.

【来源地】三明市宁化县

【农民认知】优质、广适。

【利用价值】可食用，种子可作药用，有强壮、利尿的功效。

【主要特征特性】该豌豆株型蔓生，生育期日数108d。叶表剥蚀斑

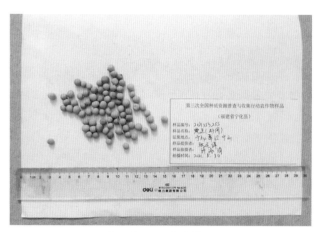

2021353255 中山豌豆

多，叶腋花青斑明显，复叶叶型普通，托叶叶型普通，茎的类型为普通茎，花序类型为多花花序，花色红，初花节位13.5，每花序花数1.4，鲜荚色绿、壁厚，鲜荚荚形为直形，荚尖端锐，鲜荚重4.8g，荚型为软荚。结荚习性为有限结荚，株高94.0cm，主茎节数19，单株分枝数2，初荚节位12，单株荚数10，荚长7.0cm，荚宽1.2cm，单荚粒数5.1，单株产量15.3g。荚色黄，粒形球形，种子表面凹坑，种皮不透明，粒色黄，子叶黄色，脐色黄，百粒重19.2g。

(141) 2021353532 下园豌豆

【种质名称】下园豌豆

【作物类别】豌豆

【分类】豆科豌豆属

【学名】*Pisum sativum* L.

【来源地】福州市永泰县

【农民认知】品质好。

【利用价值】可食用，炒食品质好。

【主要特征特性】该豌豆株型蔓生，生育期日数115d。叶表剥蚀斑多，叶腋花青斑明显，复叶叶型普通，托叶叶型普通，茎的类型为普通茎，花

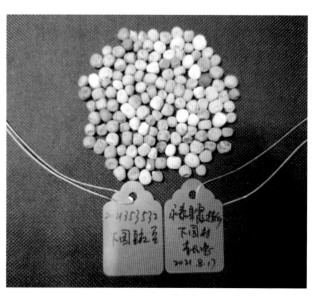

2021353532 下园豌豆

序类型为多花花序，花色红，初花节位10.8，每花序花数1.2，鲜荚色绿、壁厚，鲜荚荚形为直形，荚尖端锐，荚型为软荚。结荚习性为有限结荚，株高106.0cm，主茎节数24，单株分枝数2，初荚节位9，单株荚数11，荚长6.2cm，荚宽1.1cm，单荚粒数5.4，单株产量9.4g。荚色黄，粒形球形，种子表面凹坑，种皮不透明，粒色绿，子叶绿色，脐色褐，百粒重16.2g。

（142）2021354126 白豆

【种质名称】白豆

【作物类别】豌豆

【分类】豆科豌豆属

【学名】*Pisum sativum* L.

【来源地】福州市罗源县

【农民认知】口感好，鲜炒食用。

【利用价值】可食用，常以鲜炒方式烹饪。

【主要特征特性】该豌豆株型蔓生，生育期日数113d。叶表剥蚀斑多，叶腋花青斑明显，复叶叶型普通，托叶叶型普通，茎的类型

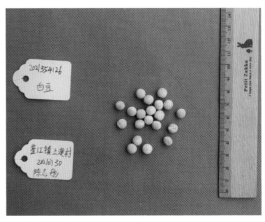

2021354126 白豆

为普通茎，花序类型为多花花序，花色红，初花节位12.1，每花序花数1.7，鲜荚色绿、壁厚，鲜荚荚形为马刀形，荚尖端锐，荚型为软荚。结荚习性为有限结荚，株高88.0cm，主茎节数24，单株分枝数2，初荚节位10，单株荚数9，荚长7.3cm，荚宽1.1cm，单荚粒数4，单株产量15.5g。荚色黄，粒形球形，种子表面乌，种皮半透明，粒色淡黄，子叶黄色，脐色黄，百粒重28.1g。

（143）2021355128 豌豆

【种质名称】豌豆

【作物类别】豌豆

【分类】豆科豌豆属

【学名】*Pisum sativum* L.

【来源地】漳州市诏安县

【农民认知】优质耐贫瘠。

【利用价值】可食用，炒或煮食。

【主要特征特性】该豌豆株型蔓生，生育期日数108d。叶表剥蚀斑多，叶腋花青斑明显，复叶叶型普通，托叶叶型普通，茎的类型为普通茎，花序类型为多花花序，花色红，初花节位10.8，每花序花数1.9，鲜荚色绿、壁厚，鲜荚荚形为马刀形，荚尖端锐，荚型为软荚。结荚习性为有限结荚，株高85.0cm，主茎节数18，单株分枝数2，初荚节位10，单株荚数8，荚长5.8cm，荚

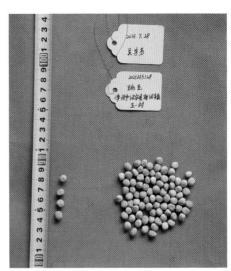

2021355128 豌豆

宽1.1cm，单荚粒数4.8，单株产量6.8g。荚色黄，粒形球形，种子表面乌，种皮不透明，粒色绿，子叶绿色，脐色白，百粒重25.7g。

（144）2021357002 蕉城钟洋软壳豌豆

【种质名称】蕉城钟洋软壳豌豆

【作物类别】豌豆

【分类】豆科豌豆属

【学名】*Pisum sativum* L.

【来源地】宁德市蕉城区

【农民认知】口感、色泽较好。

【利用价值】叶梗可盐腌食用，种子磨粉做调料，常用于煮菜、炒菜，口感、色泽较好。

2021357002 蕉城钟洋软壳豌豆

【主要特征特性】该豌豆株型半蔓生，生育期日数114d。叶表剥蚀斑多，叶腋花青斑无，复叶叶型普通，托叶叶型普通，茎的类型为普通茎，花序类型为多花花序，花色白，初花节位13.2，每花序花数1.8，鲜荚色绿、壁厚，鲜荚荚形为马刀形，荚尖端锐，荚型为软荚。结荚习性为有限结荚，株高73.0cm，主茎节数23，单株分枝数1，初荚节位14，单株荚数13，荚长6.1cm，荚宽1.0cm，单荚粒数4.2，单株产量7.3g。荚色黄，粒形圆形，种子表面光滑，种皮不透明，粒表有斑纹，子叶白色，脐色黄，百粒重28g。

（145）2021358011 绿豌豆

【种质名称】绿豌豆

【作物类别】豌豆

【分类】豆科豌豆属

【学名】*Pisum sativum* L.

【来源地】龙岩市漳平市

【农民认知】色泽较好。

【利用价值】可食用、药用；种子可药用，利尿，色泽较好。

2021358011 绿豌豆

【主要特征特性】该豌豆株型直立，生育期日数108d。叶表剥蚀斑多，叶腋花青斑明显，复叶叶型普通，托叶叶型普通，茎的类型为普通茎，花序类型为多花花序，花色紫红，初花节位9.6，每花序花数2.3，鲜荚色绿、壁厚，鲜荚荚形为直形，荚尖端锐，荚型为软荚。结荚习性为有限结荚，株高58.0cm，主茎节数16，单株分枝数2，初荚节位12，单株荚数7，荚长7.0cm，荚宽1.2cm，单荚粒数4.5，单株产量5.6g。荚色黄，粒形扁球形，种子表面光滑、凹坑、皱褶，种皮不透明，粒色绿，子叶黄绿色，脐色灰白，百粒重22.0g。

第四节　其他粮食作物

（146）2021358032　长荣高粱

【种质名称】长荣高粱

【作物类别】高粱

【分类】禾本科高粱属

【学名】*Sorhum bicolor* L.

【来源地】龙岩市漳平市

【农民认知】适应性良好。

【利用价值】常用于保健、食用、加工工艺品、酿酒，适应性良好。

【主要特征特性】该高粱芽鞘绿色，幼苗叶绿色，分蘖性弱，中紧穗型，穗形为棒形，颖壳褐色，颖壳包被 3/4，粒色橙，粒形为长圆形。全生育期 120d，株高 129.0cm，茎粗 2.6cm，穗长 34.0cm，穗柄长 30.0cm，穗柄伸出状态短。

2021358032 长荣高粱

（147）2021358061　吾祠高粱

【种质名称】吾祠高粱

【作物类别】高粱

【分类】禾本科高粱属

【学名】*Sorhum bicolor* L.

【来源地】龙岩市漳平市

【农民认知】根系发达、淀粉含量高。

【利用价值】可以治疗消化不良、湿热、小便不利等，可食用、酿酒，可制淀粉、糖和酒精，淀粉含量高。

【主要特征特性】该高粱主脉黄色，散穗型（侧散型），穗形为伞形，颖壳褐色，颖壳包被 3/4，粒色红，粒形为长圆形，穗粒重 30.0g。

2021358061 吾祠高粱

（148）2019357206　周宁小麦

【种质名称】周宁小麦

【作物类别】小麦

【分类】禾本科小麦属

【学名】*Triticun aestivum* L.

【来源地】宁德市周宁县

【农民认知】优质。

【利用价值】富含蛋白质、脂肪、淀粉等物质，高产，作为粮食或者加工成面粉，优质。

【主要特征特性】该小麦为冬性小麦，株高112.0cm，株型匍匐型，穗型二棱型，穗长10.3cm，熟性中熟，小穗数18，小穗粒数3，穗粒数54，长芒，壳色白，粒色白，粒质硬，千粒重36.0g。

2019357206 周宁小麦

（149）2017354052 薏苡

【种质名称】薏苡

【作物类别】薏苡

【分类】禾本科薏苡属

【学名】*Coix lacryma-jobi* L.

【来源地】福州市罗源县

【农民认知】适应性好。

【利用价值】可食用、饲用。

【主要特征特性】该薏苡全生育期181d，幼苗中间型，幼苗3～6叶期茎紫—绿色，株高211.0cm，单株茎数13.5，茎粗8.0mm，茎色浅褐色，籽粒着生高度148.6cm，鞘状苞颜色绿，果壳质地硬、卵形，百粒重10.0g。

2017354052 薏苡

（150）2017354092 薏苡

【种质名称】薏苡

【作物类别】薏苡

【分类】禾本科薏苡属

【学名】*Coix lacryma-jobi* L.

【来源地】福州市罗源县

【农民认知】适应性好。

【利用价值】可食用，药用；常煮

2017354092 薏苡

食，适应性好。

【主要特征特性】该薏苡全生育期181d，幼苗匍匐型，幼苗3～5叶期茎紫—绿色，株高201.0cm，单株茎数12.6，茎粗8.1mm，籽粒着生高度143.6cm，鞘状苞颜色绿，果壳质地硬、卵形，百粒重23.2～24.0g。

（151）2017355081 玉米

【种质名称】玉米
【作物类别】玉米
【分类】禾本科玉蜀黍属
【学名】*Zea mays* L.
【来源地】三明市三元区
【农民认知】优质，软糯可口，好吃。

【利用价值】可食用，含有丰富的营养物质，常蒸食、炖汤。

【主要特征特性】该玉米生育日数106d，株高201.6cm，穗位高83.2cm，雄穗分枝数14，株型半紧凑，穗形长筒，粒型糯粒，粒色白，轴色白，穗

2017355081 玉米

长19.2cm，穗粗4.7cm，穗行数14，行粒数37，轴粗2.8cm，千粒重286.0g。

（152）2018355177 本地糯玉米

【种质名称】本地糯玉米
【作物类别】玉米
【分类】禾本科玉蜀黍属
【学名】*Zea mays* L.
【来源地】宁德市屏南县
【农民认知】口感糯。

【利用价值】可食用，常用于煮食、炖汤、磨粉、榨油。

【主要特征特性】该玉米生育日数82d，株高213.4cm，穗位高84.5cm，雄穗分枝数15，株型半紧凑，穗形短锥，粒型糯粒，粒色白，轴色白，穗

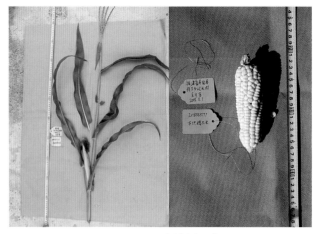

2018355177 本地糯玉米

长15.9cm，穗粗4.6cm，穗行数14，行粒数36，轴粗3.2cm，千粒重319.8g。

（153）2018355219 爆裂玉米

【种质名称】爆裂玉米

【作物类别】玉米

【分类】禾本科玉蜀黍属

【学名】*Zea mays* L.

【来源地】宁德市屏南县

【农民认知】优质，可做爆米花，口感松脆、香甜。

【利用价值】可食用；春节、当地人结婚时常用于做爆米花。

【主要特征特性】该玉米生育日数106d，株高205.2cm，穗位高86.3cm，雄穗分枝数12，株型半紧凑，穗形短筒，粒型硬粒，粒色红，轴色红，穗长17.3cm，穗粗4.7cm，穗行数16，行粒数35，轴粗2.8cm，千粒重326.0g。

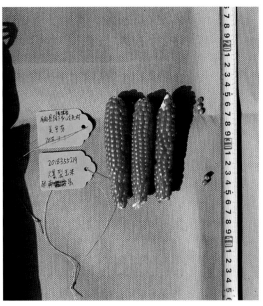

2018355219 爆裂玉米

（154）2021351329 十方玉米

【种质名称】十方玉米

【作物类别】玉米

【分类】禾本科玉蜀黍属

【学名】*Zea mays* L.

【来源地】龙岩市武平县

【农民认知】品质一般，管理粗放。

【利用价值】可食用；常作主食。

【主要特征特性】该玉米生育日数105d，株高211.2cm，穗位高81.3cm，雄穗分枝数13，株型半紧凑，穗形短锥，粒型马齿型，粒色黄，轴色白，穗长18.8cm，穗粗4.7cm，穗行数14，行粒数16，轴粗2.3cm，千粒重321.0g。

（155）2021351529 枫溪糯玉米

【种质名称】枫溪糯玉米

2021351329 十方玉米

【作物类别】玉米

【分类】禾本科玉蜀黍属

【学名】*Zea mays* L.

【来源地】三明市明溪县

【农民认知】糯性强，营养价值高，产量高。

【利用价值】能去湿减肥、缓解便秘，常煮粥食用。

【主要特征特性】该玉米生育日数86d，株高201.2cm，穗位高85.2cm，雄穗分枝数12，株型半紧凑，穗形短锥，粒型糯粒，粒色白，轴色白，穗长16.8cm，穗粗4.5cm，穗行数12，行粒数16，轴粗2.3cm，千粒重312.0g。

2021351529 枫溪糯玉米

（156）2021352220 土糯玉米

【种质名称】土糯玉米

【作物类别】玉米

【分类】禾本科玉蜀黍属

【学名】*Zea mays* L.

【来源地】福州市闽侯县

【农民认知】产量较高，略带香气，耐贫瘠。

【利用价值】软糯细腻、籽粒皮薄无渣、味道清香、甜味适中，除作为

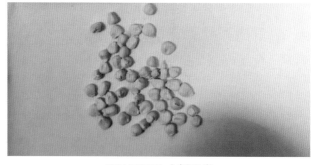

2021352220 土糯玉米

菜用玉米鲜食外，还用作牲畜饲料提高饲喂效率；也可用于工业用途，如加工成粉，是制酒业的重要原料。

【主要特征特性】该玉米生育日数84d，株高205.6cm，穗位高92.3cm，雄穗分枝数14，株型半紧凑，穗形短锥，粒型马齿型，粒色黄，轴色白，穗长16.8cm，穗粗5.1cm，穗行数14，行粒数31，轴粗4.5cm，千粒重300.0g。

（157）2021353531 下园玉米

【种质名称】下园玉米

【作物类别】玉米

【分类】禾本科玉蜀黍属

【学名】*Zea mays* L.

【来源地】福州市永泰县

【农民认知】产量高。

【利用价值】可食用，常煮食，或磨成玉米面；茎秆可以作饲料。

【主要特征特性】该玉米生育日数97d，株高204.7cm，穗位高82.5cm，雄穗分枝数15，株型半紧凑，穗形长筒，粒型马齿型，粒色花，轴色白，穗长17.1cm，穗粗4.2cm，穗行数12，行粒数14，轴粗2.2cm，千粒重296.0g。

2021353531 下园玉米

第二章
农作物种质资源——蔬菜

第一节　瓜类蔬菜

（1）2018351109　金山黄瓜

【种质名称】金山黄瓜

【作物类别】黄瓜

【分类】葫芦科黄瓜属

【学名】*Cucumis sativus* L.

【来源地】漳州市南靖县

【农民认知】产量高。

【利用价值】可食用，常炒食、拌食，口感甜脆，清甜可口；茎藤药用，能消炎、祛痰、镇痉。

【主要特征特性】该作物分枝性中，叶色绿，叶形掌状，第一雌花节

2018351109 金山黄瓜

位为3～4节，性型为雌雄全株。结瓜习性为侧蔓结瓜，瓜形短圆筒形，瓜长30～40cm，瓜横径6～7cm，瓜把长2～3cm，形状钝圆形，瓜皮浅绿，瓜肉白，瓜肉厚1.5～2cm。瓜斑纹条状，分布于大部分瓜面，纹色浅绿。瓜面较光亮，瓜无棱，瓜瘤小，瓜刺瘤稀，瓜刺色无、类型为无，瓜面无蜡粉，单瓜重500～600g。熟性为中熟，4月下旬播种，6月下旬始收，无苦味。

（2）2018352079　土瓜

【种质名称】土瓜

【作物类别】黄瓜

【分类】葫芦科黄瓜属

【学名】*Cucumis sativus* L.

【来源地】泉州市安溪县

【农民认知】品质较好、肉质脆，类似南瓜，又像黄瓜。

2018352079 土瓜

【利用价值】肉质清脆，味道好。全株各部可供药用，种子含南瓜子氨基酸，有清热除湿、驱虫的功效，对血吸虫有控制和杀灭的作用，藤有清热的作用，瓜蒂有安胎的功效，可根治牙痛，是一份特异的种质资源。

【主要特征特性】该作物分枝性中，叶色绿，叶形掌状，第一雌花节位为7～8节，性型为雌雄全株。结瓜习性为主/侧蔓结瓜，瓜形短棒形，瓜长20～25cm，瓜横径4～5cm，瓜把长3～4cm、形状溜肩形，瓜皮浅绿，瓜肉浅绿、厚1.5～2cm。瓜斑纹条状，分布于大部分瓜面，色黄。瓜面较光亮，瓜微棱，无瓜瘤，无瓜刺瘤，瓜刺色无、类型为无，瓜面无蜡粉。单株瓜数30，单瓜重300～400g。熟性为中熟，2月中下旬播种，8月中旬始收，无苦味。

（3）2018355026 黄瓜

【种质名称】黄瓜
【作物类别】黄瓜
【分类】葫芦科黄瓜属
【学名】*Cucumis sativus* L.
【来源地】漳州市诏安县
【农民认知】口感甜脆，清甜可口。
【利用价值】可食用，常炒食、拌食，口感甜脆，清甜可口；茎藤药用，能消炎、祛痰、镇痉。

【主要特征特性】该作物分枝性中，叶色绿，叶形心脏形，第一雌花节位为4～5节，性型为雌雄全株。结瓜习性为主蔓结瓜，瓜形长棒形，瓜长30～35cm、横径5～6cm，瓜把长6～8cm、形状溜肩形，瓜皮白绿，瓜肉黄白、厚1.5～2cm。瓜斑纹块状，分布于大部分瓜面，色黄。瓜面较光亮，瓜微棱，瓜瘤小、瓜刺瘤稀、色白、类型为粒刺，瓜面无蜡粉。单株瓜数25，单瓜重300～500g。熟性为中熟，3—4月播种，7—8月始收，无苦味。

2018355026 黄瓜

（4）2021351537 瀚仙黄瓜

【种质名称】瀚仙黄瓜
【作物类别】黄瓜
【分类】葫芦科黄瓜属
【学名】*Cucumis sativus* L.
【来源地】三明市明溪县

【农民认知】口感好，味道浓，产量高。

【利用价值】可食用，能消炎止渴。

【主要特征特性】该作物分枝性中，叶色浅绿，叶形心脏形，第一雌花节位为4～5节，性型为雌雄全株。结瓜习性为主蔓结瓜，瓜形长棒形，瓜长30～35cm、横径5～6cm，瓜把长8～10cm、形状溜肩形，瓜皮白绿，瓜肉黄白、厚1.5～2cm。瓜斑纹块状，分布于大部分瓜面，色黄。瓜

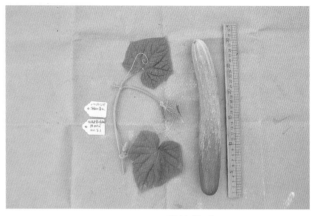

2021351537 瀚仙黄瓜

面较光亮，瓜微棱，瓜瘤小，瓜刺瘤稀、色白、类型为粒刺，瓜面无蜡粉。单株瓜数25，单瓜重300～500g。熟性为中熟，4月上旬播种，7月始收，无苦味。

(5) 2017354091 瓠瓜

【种质名称】瓠瓜

【作物类别】瓠瓜

【分类】葫芦科葫芦属

【学名】*Lagenaria siceraria* (Molina) Standl.

【来源地】福州市罗源县

【农民认知】口味好。

【利用价值】瓠瓜食用幼嫩生鲜的瓠果，是人们比较喜欢的瓜类蔬菜。瓠瓜肉质纯白而柔软，可炒、烩、做汤、制馅等。

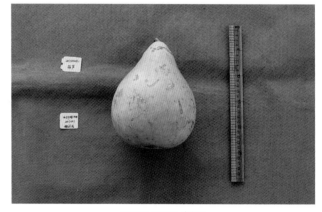

2017354091 瓠瓜

【主要特征特性】该作物第一子蔓节位为4节，叶形近圆形，叶色浅绿，叶片长25.6cm、宽22.5cm，叶柄长20.7cm，第一雌花节位无两性花。结瓜习性为子蔓结瓜，瓜形为牛腿形，商品瓜皮色浅绿。有瓜面斑纹，绿色，瓜面蜡粉少，茸毛稀。瓜把长17.8cm，瓜长34.4cm、横径16.3cm，瓜脐直径1.7cm，近瓜蒂端有棱沟、形状溜肩形，瓜顶形状平。商品瓜肉厚2.5cm，心室数3，肉色白。单株瓜数5，单瓜重1 320g。熟性为早熟。

(6) 2021351103 小苦瓜

【种质名称】小苦瓜

【作物类别】苦瓜

【分类】葫芦科苦瓜属

【学名】*Momordica charantia* L.

【来源地】漳州市南靖县

【农民认知】颗粒小，较苦。

【利用价值】可食用、保健药用。

【主要特征特性】该作物叶形为掌状，叶色浅绿，叶片长8～10cm、宽7.5～8cm，叶柄长3～3.5cm，第一雌花节位为12～15节，雌雄全株，有花柄盾形苞叶。结瓜习性为主/侧蔓结瓜，瓜形短纺锤形，商品瓜皮色深绿，瓜瘤类型为刺瘤，棱瘤稀密度为中，瓜瘤大小中等，瓜面有光泽，近瓜蒂端瓜面形状凸，瓜顶形状锐尖。商品瓜纵径3.5～4cm，肉厚0.15～0.2cm，心室数3，肉色浅绿。单株瓜数250～300，单瓜重12～18g。熟性为中熟。

2021351103 小苦瓜

（7）2021351525 枫溪苦瓜

【种质名称】枫溪苦瓜

【作物类别】苦瓜

【分类】葫芦科苦瓜属

【学名】*Momordica charantia* L.

【来源地】三明市明溪县

【农民认知】苦味浓，味道好。

【利用价值】可食用，能降火，常用于煮汤、泡茶。

【主要特征特性】该作物叶形为掌状，叶色浅绿，叶片长10～12cm、宽12～13cm，叶柄长6～7cm，第一雌花节位为15～17节，雌雄全株，有花柄盾形苞叶。结瓜习性

2021351525 枫溪苦瓜

为主/侧蔓结瓜，瓜形长纺锤形，商品瓜皮色浅绿，瓜瘤类型为粒条相间瘤，棱瘤稀密度为中，瓜瘤大小中等，瓜面有光泽，近瓜蒂端瓜面形状凸，瓜顶形状锐尖。商品瓜纵径25～28cm，肉厚0.6～0.8cm，心室数3，肉色浅绿。单株瓜数30～35，单瓜重300～400g。熟性为中熟。

(8) 2017351091 南瓜01

【种质名称】南瓜01

【作物类别】南瓜

【分类】葫芦科南瓜属

【学名】*Cucurbita maschata* D.

【来源地】三明市明溪县

【农民认知】甜、绵。

【利用价值】可食用，能清热解毒，多糖类含量高，提高人体免疫力，可起降血糖作用。

【主要特征特性】该作物叶形心脏五角形，叶色深绿，无叶面白斑，首雌花节位为15节。结瓜习性为主/侧

2017351091 南瓜01

蔓结瓜，第一果实节位为16节，瓜梗长14.2cm、横径1.3cm，商品瓜瓜面特征为多棱，棱沟中，无瓜瘤，瓜面蜡粉少，近瓜蒂端瓜面形状凹，瓜顶形状凹。商品瓜纵径15.4cm，横径16.7cm，瓜脐直径1.3cm，瓜形近圆形，肉厚3.3cm。老瓜皮色黄褐，瓜面斑纹点状，斑纹色浅黄，肉色浅黄。单株瓜数3，单瓜重1 920g。熟性为早熟。

(9) 2017352002 南瓜

【种质名称】南瓜

【作物类别】南瓜

【分类】葫芦科南瓜属

【学名】*Cucurbita maschata* D.

【来源地】福州市闽侯县

【农民认知】品质较好。

【利用价值】可食用、药用。种子含南瓜子氨基酸，有清热除湿、驱虫的功效；果实作肴馔，亦可代粮食；全株各部可供药用。

【主要特征特性】该作物叶形心脏

2017352002 南瓜

五角形，叶色绿，无叶面白斑，首雌花节位为15节。结瓜习性为主/侧蔓结瓜，第一果实节位为19节，瓜梗长11.6cm、横径1.4cm，商品瓜瓜面特征为多棱，棱沟浅，无瓜瘤，瓜面蜡粉少，近瓜蒂端瓜面形状凹，瓜顶形状凸。商品瓜纵径20.4cm，横径19.6cm，瓜脐直径1.8cm，瓜形近圆形，肉厚3.8cm。老瓜皮色橙黄，瓜面斑纹块状，斑纹色浅黄，肉色浅黄。单株瓜数2，单瓜重3 026g。熟性为早熟。

（10） 2018351361 梅仔南瓜1号

【种质名称】梅仔南瓜1号

【作物类别】南瓜

【分类】葫芦科南瓜属

【学名】*Cucurbita maschata* D.

【来源地】漳州市平和县

【农民认知】营养高、甜度高。

【利用价值】可食用，常做成南瓜饼。

【主要特征特性】该作物叶形心脏五角形，叶色绿，无叶面白斑，首雌花节位为7节。结瓜习性为主/侧蔓结瓜，第一果实节位为11节，瓜梗长8cm、横径1.6cm，商品瓜瓜面特征为多棱，棱沟浅，无瓜瘤，瓜面蜡粉少，近瓜蒂端瓜面形状凸，瓜顶形状平。商品瓜纵径23.4cm，横径13.2cm，瓜脐直径0.7cm，瓜形椭圆形，肉厚4.5cm。老瓜皮色浅黄，瓜面斑纹条状，斑纹色浅黄，肉色浅黄。单株瓜数3，单瓜重1 829g。熟性为早熟。

2018351361 梅仔南瓜1号

（11） 2021356058 麻疯南瓜

【种质名称】麻疯南瓜

【作物类别】南瓜

【分类】葫芦科南瓜属

【学名】*Cucurbita maschata* D.

【来源地】南平市邵武市

【农民认知】外皮呈麻状。

【利用价值】食用，可做南瓜饼，外皮呈麻状。

【主要特征特性】该作物瓜梗长8cm、横径2cm，商品瓜瓜面特征为瘤突，棱沟浅，瓜瘤小，瓜瘤数量多，瓜面蜡粉少，近瓜蒂端瓜面形状凹，瓜顶形状凹。商品瓜纵径14cm，横径24cm，瓜脐直径2.3cm，瓜形盘形，肉厚4cm。老瓜肉色金黄，单瓜重4 747g。

2021356058 麻疯南瓜

（12）2021358047 南瓜

【种质名称】南瓜

【作物类别】南瓜

【分类】葫芦科南瓜属

【学名】*Cucurbita maschata* D.

【来源地】龙岩市漳平市

【农民认知】适应性强，易存活。

【利用价值】可食用，常用于做汤，南瓜子晒干可食；能清热除湿、驱虫。

2021358047 南瓜

【主要特征特性】该作物叶形掌状五角形，叶色深绿，叶面有白斑，瓜梗长18cm、横径6cm。商品瓜瓜面特征为平滑，无棱沟，瓜瘤中等大小，瓜瘤数量少，瓜面无蜡粉，近瓜蒂端瓜面形状平，瓜顶形状平，商品瓜纵径13cm。

（13）2017351101 八角瓜

【种质名称】八角瓜

【作物类别】丝瓜

【分类】葫芦科丝瓜属

【学名】*Luffa cylindrica* (Linn.) Roem.

【来源地】三明市明溪县

【农民认知】营养丰富。

【利用价值】可食用、药用。能清热解毒，活血通络，利尿消肿；去皮，可凉拌、炒食、烧食、做汤食或榨汁用以食疗。

2017351101 八角瓜

【主要特征特性】该作物叶色绿，叶形心脏形，叶片长20cm、宽28cm，叶柄长14cm，第一雌花节位为25节，雌花节数为16。结瓜习性主/侧蔓结瓜，瓜形为纺锤形，瓜长35cm、横径7cm，近瓜蒂端形状为溜肩形，瓜顶形状为钝圆形，瓜皮色绿，近瓜蒂端颜色绿，无瓜斑纹，瓜面较光亮，瓜浅棱，棱数10。瓜面平滑，无瓜瘤，无瓜面蜡粉。瓜肉色白绿，厚6cm。单株瓜数12，单瓜重480g。熟性为中熟。

（14）2017352015 长丝瓜

【种质名称】长丝瓜

【作物类别】丝瓜

【分类】葫芦科丝瓜属

【学名】*Luffa cylindrica* (Linn.) Roem.

【来源地】福州市闽侯县

【农民认知】品质优，清甜。

【利用价值】可食用、药用、加工。常作蔬菜食用，品质优，清甜；成熟时里面的网状纤维被称为丝瓜络，可代替海绵用作洗刷灶具及家具；还可供药用，有清凉、利尿、活血、通经、解毒之效。

2017352015 长丝瓜

【主要特征特性】该作物叶色绿，叶形掌状浅裂，叶片长28cm、宽35cm，叶柄长16cm，第一雌花节位为18节，雌花节数为13。结瓜习性主/侧蔓结瓜，瓜形为长棍棒形，瓜长45cm、横径5.5cm，近瓜蒂端形状为瓶颈形，瓜顶形状为短钝尖形，瓜皮色绿，近瓜蒂端颜色绿，条状瓜斑纹，瓜斑纹色深绿。瓜面较光亮，无棱，瓜面平滑，无瓜瘤，无瓜面蜡粉。瓜肉色白绿，厚5cm。单株瓜数14，单瓜重420g。熟性为中熟。

（15）2017353016 肉丝瓜

【种质名称】肉丝瓜

【作物类别】丝瓜

【分类】葫芦科丝瓜属

【学名】*Luffa cylindrica* (Linn.) Roem.

【来源地】福州市永泰县

【农民认知】口感好、优质。

【利用价值】可食用，具有活血、利尿的功效，常用于炒食；丝瓜络可作洗刷用具。

【主要特征特性】该作物叶色绿，叶形掌状深裂，叶片长25cm、宽33cm，叶柄长16cm，第一雌花节位

2017353016 肉丝瓜

为18节，雌花节数为13。结瓜习性主/侧蔓结瓜，瓜形为长棍棒形，瓜长30cm，瓜横径5cm，近瓜蒂端形状为钝圆形，瓜顶形状为短钝尖形，瓜皮色绿，近瓜蒂端颜色绿，条状瓜斑纹，瓜斑纹色深绿。瓜面较光亮，无棱，瓜面平滑，无瓜瘤，无瓜面蜡粉。瓜肉色白绿，

厚5cm。单株瓜数11，单瓜重520g。熟性为中熟。

（16）2017354073 八角瓜

【种质名称】八角瓜

【作物类别】丝瓜

【分类】葫芦科丝瓜属

【学名】*Luffa cylindrica* (Linn.) Roem.

【来源地】福州市罗源县

【农民认知】口感好。

【利用价值】可食用，口感好。

【主要特征特性】该作物叶色绿，
叶形心脏形，叶片长28cm、宽35cm，
叶柄长17cm，第一雌花节位为14节，
雌花节数为12。结瓜习性主/侧蔓结
瓜，瓜形为镰刀形，瓜长42cm，瓜横

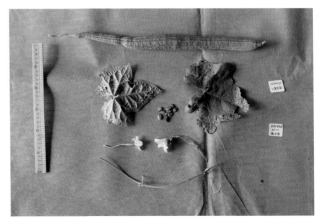

2017354073 八角瓜

径5.5cm，近瓜蒂端形状为溜肩形，瓜顶形状为短钝尖形，瓜皮色绿，近瓜蒂端颜色绿，无
瓜斑纹。瓜面较光亮，浅棱，棱数10，瓜面平滑，无瓜瘤，无瓜面蜡粉。瓜肉色白绿，厚
5cm。单株瓜数13，单瓜重400g。熟性为中熟。

（17）2017355024 棱角丝瓜

【种质名称】棱角丝瓜

【作物类别】丝瓜

【分类】葫芦科丝瓜属

【学名】*Luffa cylindrica* (Linn.) Roem.

【来源地】三明市三元区

【农民认知】高产。

【利用价值】可食用，能清热化
痰、凉血解毒，常炒食或煮汤。

【主要特征特性】该作物叶色绿，
叶形心脏形，叶片长24cm、宽33cm，
叶柄长14cm，第一雌花节位为17节，
雌花节数为14。结瓜习性主/侧蔓结
瓜，瓜形为纺锤形，瓜长28cm，瓜

2017355024 棱角丝瓜

横径7.5cm，近瓜蒂端形状为溜肩形，瓜顶形状为钝圆形，瓜皮色绿，近瓜蒂端颜色绿，无
瓜斑纹。瓜面较光亮，浅棱，棱数10，瓜面平滑，无瓜瘤，无瓜面蜡粉。瓜肉色白绿，厚
7cm。单株瓜数14，单瓜重480g。熟性为早熟。

（18）2017355032 八角丝瓜

【种质名称】八角丝瓜

【作物类别】丝瓜

【分类】葫芦科丝瓜属

【学名】*Luffa cylindrica* (Linn.) Roem.

【来源地】三明市三元区

【农民认知】适应性强。

【利用价值】可食用，能清热化痰、凉血解毒，常炒食或煮汤。

【主要特征特性】该作物叶色绿，叶形心脏形，叶片长25cm、宽30cm，叶柄长16cm，第一雌花节位为15节，雌花节数为10。结瓜习性主/侧蔓结瓜，

2017355032 八角丝瓜

瓜，瓜形为纺锤形，瓜长30cm，瓜横径7.5cm，近瓜蒂端形状为溜肩形，瓜顶形状为钝圆形，瓜皮色绿，近瓜蒂端颜色绿，无瓜斑纹。瓜面较光亮，浅棱，棱数10，瓜面平滑，无瓜瘤，无瓜面蜡粉。瓜肉色白绿，厚6.5cm。单株瓜数14，单瓜重500g。熟性为中熟。

（19）2017355052 丝瓜

【种质名称】丝瓜

【作物类别】丝瓜

【分类】葫芦科丝瓜属

【学名】*Luffa cylindrica* (Linn.) Roem.

【来源地】三明市三元区

【农民认知】口感好。

【利用价值】可食用，能清热化痰、凉血解毒，常炒食或煮汤。

【主要特征特性】该作物叶色绿，叶形掌状浅裂，叶片长26cm、宽32cm，叶柄长20cm，第一雌花节位为16节，雌花节数为16。结瓜习性主/侧蔓结瓜，瓜形为短圆筒形，瓜长30cm，瓜横径7cm，近瓜蒂端形状为钝圆形，瓜顶形状为钝圆形，瓜皮色绿，近瓜蒂端颜色绿，条状瓜斑纹，瓜斑纹色绿。瓜面较光

2017355052 丝瓜

亮，无棱，平滑，瓜瘤稀，无瓜面蜡粉。瓜肉色白绿，厚5cm。单株瓜数15，单瓜重400g。熟性为早熟。

（20）2017355111 丝瓜

【种质名称】丝瓜

【作物类别】丝瓜

【分类】葫芦科丝瓜属

【学名】*Luffa cylindrica* (Linn.) Roem.

【来源地】三明市三元区

【农民认知】味甜，好吃。

【利用价值】可食用，能清热化痰、凉血解毒，常炒食或煮汤。

【主要特征特性】该作物叶色绿，叶形掌状深裂，叶片长25cm、宽27cm，叶柄长15cm，第一雌花节位为15节，雌花节数为15。结瓜习性主/侧蔓结瓜，瓜形为短圆筒形，瓜长29cm，瓜横径6cm，近瓜蒂端形状为钝圆形，瓜顶形状为钝圆形，瓜皮色绿，近瓜蒂端颜色绿，条状瓜斑纹，瓜斑纹色绿。瓜面较光亮，无棱，平滑，无瓜瘤，无瓜面蜡粉。瓜肉色白绿，厚5cm。单株瓜数19，单瓜重450g。熟性为早熟。

2017355111 丝瓜

（21）2018351058 丝瓜

【种质名称】丝瓜

【作物类别】丝瓜

【分类】葫芦科丝瓜属

【学名】*Luffa cylindrica* (Linn.) Roem.

【来源地】漳州市龙海区

【农民认知】鲜甜。

【利用价值】可食用，鲜甜。

【主要特征特性】该作物叶色绿，叶形掌状浅裂，叶片长20cm、宽39cm，叶柄长18cm，第一雌花节位为16节，雌花节数为13。结瓜习性主/侧蔓结瓜，瓜形为纺锤形，瓜长38cm，瓜横径9cm，近瓜蒂端形状为溜肩形，瓜顶形状为短钝尖形，瓜皮色绿，近瓜蒂端颜色绿，无瓜斑纹。瓜面较光亮，浅棱，棱数10，平滑，无瓜瘤，无瓜面蜡粉。瓜肉色白绿，厚5cm。单株瓜数16，单瓜重450g。熟性为中熟。

2018351058 丝瓜

（22）2018351246 本地丝瓜

【种质名称】本地丝瓜

【作物类别】丝瓜

【分类】葫芦科丝瓜属

【学名】*Luffa cylindrica*（Linn.）Roem.

【来源地】龙岩市武平县

【农民认知】适应性较强，对土壤要求不严格。

【利用价值】可食用，常清炒或煮汤，丝瓜瓢可做丝瓜络。

【主要特征特性】该作物叶色绿，叶形掌状浅裂，叶片长25cm、宽37cm，叶柄长19cm，第一雌花节位为21节，雌花节数为17。结瓜习性主/侧蔓结瓜，瓜形为短棍棒形，瓜长27cm，瓜横径7cm，近瓜蒂端形状为钝圆形，瓜顶形状为短钝尖形，瓜皮色黄绿，近瓜蒂端颜色绿，无瓜斑纹。瓜面较光亮，

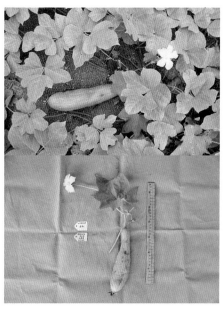

2018351246 本地丝瓜

无棱，平滑，无瓜瘤，无瓜面蜡粉。瓜肉色白绿，厚5cm。单株瓜数14，单瓜重420g。熟性为中熟。

（23）2018353116 桐源丝瓜

【种质名称】桐源丝瓜

【作物类别】丝瓜

【分类】葫芦科丝瓜属

【学名】*Luffa cylindrica*（Linn.）Roem.

【来源地】三明市建宁县

【农民认知】适应性好。

【利用价值】可食用，常清炒或煮汤，丝瓜瓢可做丝瓜络。

【主要特征特性】该作物叶色绿，叶形掌状深裂，叶片长25cm、宽29cm，叶柄长17cm，第一雌花节位为19节，雌花节数为15。结瓜习性主/侧蔓结瓜，瓜形为短棍棒形，瓜长

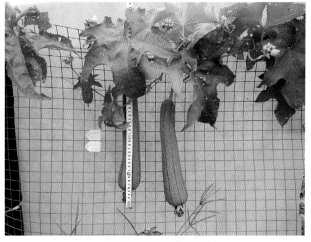

2018353116 桐源丝瓜

28cm，瓜横径5.5cm，近瓜蒂端形状为钝圆形，瓜顶形状为钝圆形，瓜皮色绿，近瓜蒂端颜色绿，条状瓜斑纹，瓜斑纹色深绿。瓜面光亮，无棱，平滑，无瓜瘤，无瓜面蜡粉。瓜肉色白绿，厚5.5cm。单株瓜数13，单瓜重520g。熟性为中熟。

（24）2018355081 本地丝瓜

【种质名称】本地丝瓜

【作物类别】丝瓜

【分类】葫芦科丝瓜属

【学名】*Luffa cylindrica*（Linn.）Roem.

【来源地】漳州市诏安县

【农民认知】口感清甜，不易褐变。

【利用价值】可食用，常清炒或煮汤，丝瓜瓤可做丝瓜络。

【主要特征特性】该作物叶色绿，叶形掌状深裂，叶片长28cm、宽31cm，叶柄长16cm，第一雌花节位为

2018355081 本地丝瓜

17节，雌花节数为10。结瓜习性主/侧蔓结瓜，瓜形为短圆筒形，瓜长28cm，瓜横径9cm，近瓜蒂端形状为钝圆形，瓜顶形状为钝圆形，瓜皮色黄绿，近瓜蒂端颜色黄绿，无瓜斑纹。瓜面光亮，无棱，平滑，无瓜瘤，无瓜面蜡粉。瓜肉色白绿，厚8cm。单株瓜数12，单瓜重520g。熟性为中熟。

（25）2019351387 八角丝瓜

【种质名称】八角丝瓜

【作物类别】丝瓜

【分类】葫芦科丝瓜属

【学名】*Luffa cylindrica*（Linn.）Roem.

【来源地】漳州市平和县

【农民认知】营养丰富。

【利用价值】可食用，能清暑凉血、解毒通便、祛风化痰、润肌美容，常炒食。

【主要特征特性】该作物叶色绿，叶形心脏形，叶片长20cm、宽38cm，叶柄长18cm，第一雌花节位为19节，雌花节数为12。结瓜习性主/侧蔓结瓜，瓜形为椭圆形，瓜长27cm，瓜横径8cm，近瓜蒂端形状为溜肩形，瓜顶形状为钝圆形，瓜皮色绿，近瓜蒂端颜色绿，无瓜斑纹。瓜面较光亮，深棱，棱数10，平滑，无瓜瘤，无瓜面蜡粉。瓜肉色白绿，厚6.5cm。单株瓜数19，单瓜重600g。熟性为早熟。

2019351387 八角丝瓜

（26）2019358071 八角瓜

【种质名称】八角瓜

【作物类别】丝瓜

【分类】葫芦科丝瓜属

【学名】*Luffa cylindrica* (Linn.) Roem.

【来源地】龙岩市漳平市

【农民认知】适应性强。

【利用价值】可食用，能清热活血，常用于煮汤。

【主要特征特性】该作物叶色绿，叶形心脏形，叶片长25cm、宽37cm，叶柄长19cm，第一雌花节位为21节，雌花节数为12。结瓜习性主/侧蔓结瓜，瓜形为纺锤形，瓜长28cm，瓜横径9cm，近瓜蒂端形状为瓶颈形，瓜顶形状为钝圆形，瓜皮色绿，近瓜蒂端颜色绿，无瓜斑纹。瓜面较光亮，浅棱，棱数10，平滑，无瓜瘤，无瓜面蜡粉。瓜肉色白绿，厚8cm。单株瓜数14，单瓜重480g。熟性为中熟。

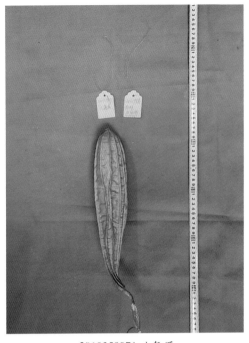

2019358071 八角瓜

（27）2020352001 院前丝瓜

【种质名称】院前丝瓜

【作物类别】丝瓜

【分类】葫芦科丝瓜属

【学名】*Luffa cylindrica* (Linn.) Roem.

【来源地】漳州市漳浦县

【农民认知】品质较好。

【利用价值】可食用、药用。果实为夏季蔬菜，与其他蔬菜搭配食用；也可入药。

【主要特征特性】该作物叶色绿，叶形掌状浅裂，叶片长28cm、宽35cm，叶柄长17cm，第一雌花节位为18节，雌花节数为13。结瓜习性主/侧蔓结瓜，瓜形为长棍棒形，瓜

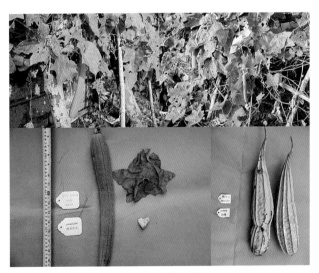

2020352001 院前丝瓜

长40cm，瓜横径5cm，近瓜蒂端形状为钝圆形，瓜顶形状为短钝尖形，瓜皮色绿，近瓜蒂

端颜色绿，条状瓜斑纹，瓜斑纹色深绿。瓜面较光亮，无棱，平滑，无瓜瘤，无瓜面蜡粉。瓜肉色白绿，厚3cm。单株瓜数16，单瓜重430g。熟性为中熟。

（28）2021351114 山城丝瓜

【种质名称】山城丝瓜

【作物类别】丝瓜

【分类】葫芦科丝瓜属

【学名】*Luffa cylindrica* (Linn.) Roem.

【来源地】漳州市南靖县

【农民认知】口感好。

【利用价值】可食用，口感好。

【主要特征特性】该作物叶色绿，叶形掌状浅裂，叶片长28cm、宽35cm，叶柄长17cm，第一雌花节位为18节，雌花节数为13。结瓜习性主/

2021351114 山城丝瓜

侧蔓结瓜，瓜形为长棍棒形，瓜长40cm，瓜横径5.5cm，近瓜蒂端形状为钝圆形，瓜顶形状为短钝尖形，瓜皮色绿，近瓜蒂端颜色绿，条状瓜斑纹，瓜斑纹色深绿。瓜面较光亮，无棱，平滑，无瓜瘤，无瓜面蜡粉。瓜肉色白绿，厚3cm。单株瓜数16，单瓜重430g。熟性为中熟。

（29）2021351332 十方丝瓜

【种质名称】十方丝瓜

【作物类别】丝瓜

【分类】葫芦科丝瓜属

【学名】*Luffa cylindrica* (Linn.) Roem.

【来源地】龙岩市武平县

【农民认知】经济价值比较好。

【利用价值】可供食用、药用，常凉拌、炒食、烧食、做汤食或榨汁用以食疗。

【主要特征特性】该作物叶色绿，叶形掌状浅裂，叶片长28cm、宽

2021351332 十方丝瓜

35cm，叶柄长17cm，第一雌花节位为18节，雌花节数为15。结瓜习性主/侧蔓结瓜，瓜形为长圆筒形，瓜长35cm，瓜横径8cm，近瓜蒂端形状为钝圆形，瓜顶形状为钝圆形，瓜皮色浅绿，近瓜蒂端颜色绿，点状瓜斑纹，瓜斑纹色黄白。瓜面较光亮，无棱，平滑，无瓜瘤，无瓜面蜡粉。瓜肉色白绿，厚3cm。单株瓜数17，单瓜重430g。熟性为中熟。

（30）2021351424 文美丝瓜

【种质名称】文美丝瓜

【作物类别】丝瓜

【分类】葫芦科丝瓜属

【学名】*Luffa cylindrica*（Linn.）Roem.

【来源地】漳州市平和县

【农民认知】口感甜脆。

【利用价值】可食用，能健脑美容，常凉拌、炒食、烧食、做汤食或榨汁。

【主要特征特性】该作物叶色绿，叶形掌状浅裂，叶片长25cm、宽34cm，叶柄长16cm，第一雌花节位为19节，雌花节数为14。结瓜习性主/侧蔓结瓜，瓜形为长圆筒形，瓜长33cm，瓜横径7cm，近瓜蒂端形状为钝圆形，瓜顶形状为钝圆形，瓜皮色绿，近瓜蒂端颜色绿，无瓜斑纹。瓜面较光亮，无棱，平滑，无瓜瘤，无瓜面蜡粉。瓜肉色白绿，厚3cm。单株瓜数16，单瓜重430g。熟性为中熟。

2021351424 文美丝瓜

（31）2021352229 短丝瓜

【种质名称】短丝瓜

【作物类别】丝瓜

【分类】葫芦科丝瓜属

【学名】*Luffa cylindrica*（Linn.）Roem.

【来源地】福州市闽侯县

【农民认知】品质优。

【利用价值】可食用，有清凉、利尿、活血、通经、解毒之效，果为夏季蔬菜；成熟时里面的网状纤维被称为丝瓜络，可代替海绵用于洗刷灶具及家具。

【主要特征特性】该作物叶色绿，叶形掌状浅裂，叶片长25cm、宽29cm，叶柄长17cm，第一雌花节位为19节，雌花节数为15。结瓜习性主/侧蔓结瓜，瓜形为短棍棒形，瓜长25cm，瓜横径6cm，近瓜蒂端形状为钝圆形，瓜顶形状为

2021352229 短丝瓜

钝圆形，瓜皮色绿，近瓜蒂端颜色绿，条状瓜斑纹，瓜斑纹色深绿。瓜面光亮，无棱，平滑，无瓜瘤，无瓜面蜡粉。瓜肉色白绿，厚5.5cm。单株瓜数13，单瓜重520g。熟性为中熟。

（32）2021353060 长吉丝瓜

【种质名称】长吉丝瓜

【作物类别】丝瓜

【分类】葫芦科丝瓜属

【学名】*Luffa cylindrica* (Linn.) Roem.

【来源地】三明市建宁县

【农民认知】口感好、果实细长。

【利用价值】可食用，具有清凉、利尿、活血的功效，常用于炒食；丝瓜络可用作洗刷用具。

【主要特征特性】该作物叶色绿，叶形掌状深裂，叶片长25cm、宽29cm，叶柄长17cm，第一雌花节位为19节，雌花节数为15。结瓜习性主/侧蔓结瓜，瓜形为短棍棒形，瓜长28cm，瓜横径6cm，近瓜蒂端形状为钝圆形，瓜顶形状为钝圆形，瓜皮色绿，近瓜蒂端颜色绿，条状瓜斑纹，瓜斑纹色深绿。瓜面光亮，无棱，平滑，无瓜瘤，无瓜面蜡粉。瓜肉色白绿，厚5.5cm。单株瓜数13，单瓜重520g。熟性为中熟。

2021353060 长吉丝瓜

（33）2021353118 丝瓜

【种质名称】丝瓜

【作物类别】丝瓜

【分类】葫芦科丝瓜属

【学名】*Luffa cylindrica* (Linn.) Roem.

【来源地】三明市建宁县

【农民认知】优质、广适。

【利用价值】可食用，有清凉、活血的功效，常炒食；丝瓜络可用作洗刷用具。

【主要特征特性】该作物叶色绿，叶形掌状浅裂，叶片长29cm、宽

2021353118 丝瓜

36cm，叶柄长16cm，第一雌花节位为18节，雌花节数为14。结瓜习性主/侧蔓结瓜，瓜形

为长棍棒形，瓜长37cm，瓜横径6cm，近瓜蒂端形状为瓶颈形，瓜顶形状为短钝尖形，瓜皮色绿，近瓜蒂端颜色绿，条状瓜斑纹，瓜斑纹色深绿。瓜面较光亮，无棱，平滑，无瓜瘤，无瓜面蜡粉。瓜肉色白绿，厚5cm。单株瓜数14，单瓜重420g。熟性为中熟。

（34）2021354122 丝瓜

【种质名称】丝瓜

【作物类别】丝瓜

【分类】葫芦科丝瓜属

【学名】*Luffa cylindrica* (Linn.) Roem.

【来源地】福州市罗源县

【农民认知】口感清凉、甘甜，可做汤、炒饭、炒花蛤。

【利用价值】可食用，口感清凉、甘甜，常用于做汤或炒食。

【主要特征特性】该作物叶色绿，叶形掌状深裂，叶片长24cm、宽33cm，叶柄长16cm，第一雌花节位为21节，雌花节数为11。结瓜习性主/

2021354122 丝瓜

侧蔓结瓜，瓜形为短圆筒形，瓜长26cm，瓜横径8cm，近瓜蒂端形状为钝圆形，瓜顶形状为钝圆形，瓜皮色绿，近瓜蒂端颜色绿，无瓜斑纹。瓜面光亮，无棱，平滑，无瓜瘤，无瓜面蜡粉。瓜肉色白绿，厚5.5cm。单株瓜数13，单瓜重520g。熟性为中熟。

（35）2021354233 丝瓜

【种质名称】丝瓜

【作物类别】丝瓜

【分类】葫芦科丝瓜属

【学名】*Luffa cylindrica* (Linn.) Roem.

【来源地】福州市罗源县

【农民认知】切开不易变黑。

【利用价值】可食用，不易褐化。

【主要特征特性】该作物叶色绿，叶形心脏形，叶片长18cm、宽31cm，叶柄长18cm，第一雌花节位为17节，雌花节数为12。结瓜习性主/侧蔓结

2021354233 丝瓜

瓜，瓜形为镰刀形，瓜长30cm，瓜横径7cm，近瓜蒂端形状为溜肩形，瓜顶形状为钝圆形，瓜皮色绿，近瓜蒂端颜色绿，无瓜斑纹。瓜面较光亮，深棱，棱数10，平滑，无瓜瘤，无

瓜面蜡粉。瓜肉色白绿，厚7cm。单株瓜数12，单瓜重510g。熟性为中熟。

（36）2021355047 八角瓜

【种质名称】八角瓜

【作物类别】丝瓜

【分类】葫芦科丝瓜属

【学名】*Luffa cylindrica* (Linn.) Roem.

【来源地】三明市三元区

【农民认知】抗性强，结果多。

【利用价值】可食用，常用于做汤。

【主要特征特性】该作物叶色绿，叶形心脏形，叶片长21cm、宽34cm，叶柄长18cm，第一雌花节位为18节，雌花节数为12。结瓜习性主/侧蔓结瓜，瓜形为镰刀形，瓜长35cm，瓜横

2021355047 八角瓜

径8cm，近瓜蒂端形状为溜肩形，瓜顶形状为短钝尖形，瓜皮色绿，近瓜蒂端颜色绿，无瓜斑纹。瓜面较光亮，深棱，棱数10，平滑，无瓜瘤，无瓜面蜡粉。瓜肉色白绿，厚7cm。单株瓜数14，单瓜重550g。熟性为中熟。

（37）2021355060 草洋八角瓜

【种质名称】草洋八角瓜

【作物类别】丝瓜

【分类】葫芦科丝瓜属

【学名】*Luffa cylindrica* (Linn.) Roem.

【来源地】三明市三元区

【农民认知】口感清甜。

【利用价值】可食用、加工，常用于清炒、煮汤或用于制作丝瓜络。

【主要特征特性】该作物叶色绿，叶形心脏形，叶片长28cm、宽30cm，叶柄长14cm，第一雌花节位为15节，雌花节数为13。结瓜习性主/侧蔓结瓜，瓜形为纺锤形，瓜长35cm，瓜横径7.5cm，近瓜蒂端形状为溜肩形，瓜顶形状为短钝尖形，瓜皮色绿，近瓜蒂端颜色绿，无瓜斑纹。瓜面较光亮，浅棱，棱数10，平滑，无瓜瘤，无瓜面蜡粉。瓜肉色白绿，厚7cm。单株瓜

2021355060 草洋八角瓜

数14，单瓜重480g。熟性为早熟。

(38) 2021356059 本地土丝瓜

【种质名称】本地土丝瓜

【作物类别】丝瓜

【分类】葫芦科丝瓜属

【学名】*Luffa cylindrica* (Linn.) Roem.

【来源地】南平市邵武市

【农民认知】口感好，产量高。

【利用价值】可食用，常用于煮汤。

【主要特征特性】该作物叶色绿，叶形掌状深裂，叶片长25cm、宽29cm，叶柄长17cm，第一雌花节位为19节，雌花节数为15。结瓜习性主/侧蔓结瓜，瓜形为长圆筒形，瓜长33cm，瓜横径7cm，近瓜蒂端形状为钝圆形，瓜顶形状为钝圆形，瓜皮色绿，近瓜蒂端颜色绿，无瓜斑纹。瓜面光亮，无棱，微皱，无瓜瘤，无瓜面蜡粉。瓜肉色白绿，厚5.5cm。单株瓜数13，单瓜重520g。熟性为中熟。

2021356059 本地土丝瓜

(39) 2021356096 土丝瓜

【种质名称】土丝瓜

【作物类别】丝瓜

【分类】葫芦科丝瓜属

【学名】*Luffa cylindrica* (Linn.) Roem.

【来源地】南平市建瓯市

【农民认知】口感好，做汤甜。

【利用价值】可食用，常清炒、煮汤；也可用于制作丝瓜络。

【主要特征特性】该作物叶色绿，叶形心脏形，叶片长17cm、宽29cm，叶柄长14cm，第一雌花节位为18节，雌花节数为10。结瓜习性主/侧蔓结瓜，瓜形为纺锤形，瓜长36cm，瓜横径6.5cm，近瓜蒂端形状为溜肩形，

2021356096 土丝瓜

瓜顶形状为钝圆形，瓜皮色绿，近瓜蒂端颜色绿，无瓜斑纹。瓜面较光亮，深棱，棱数

10，平滑，无瓜瘤，无瓜面蜡粉。瓜肉色白绿，厚7cm。单株瓜数12，单瓜重510g。熟性为中熟。

（40）2021356120 本地丝瓜

【种质名称】本地丝瓜

【作物类别】丝瓜

【分类】葫芦科丝瓜属

【学名】*Luffa cylindrica* (Linn.) Roem.

【来源地】三明市尤溪县

【农民认知】口感好、风味足。

【利用价值】可食用，具有清凉、活血的功效，还可用于制作丝瓜络，常炒食。

【主要特征特性】该作物叶色绿，叶形掌状深裂，叶片长28cm、宽35cm，叶柄长18cm，第一雌花节位为21节，雌花节数为12。结瓜习性主/侧蔓结瓜，瓜形为长圆筒形，瓜

2021356120 本地丝瓜

长37cm，瓜横径7cm，近瓜蒂端形状为钝圆形，瓜顶形状为钝圆形，瓜皮色绿，近瓜蒂端颜色绿，瓜斑纹点状、色白。瓜面光亮，无棱，平滑，无瓜瘤，无瓜面蜡粉。瓜肉色白绿，厚5.5cm。单株瓜数13，单瓜重520g。熟性为中熟。

（41）2021358040 长荣八角瓜

【种质名称】长荣八角瓜

【作物类别】丝瓜

【分类】葫芦科丝瓜属

【学名】*Luffa cylindrica* (Linn.) Roem.

【来源地】龙岩市漳平市

【农民认知】容易成活。

【利用价值】可食用，能清热利尿，常用于煮汤。

【主要特征特性】该作物叶色绿，叶形心脏形，叶片长16cm、宽29cm，叶柄长18cm，第一雌花节位为17节，雌花节数为12。结瓜习性主/侧蔓结瓜，瓜形为椭圆形，瓜长28cm，瓜横径7cm，近瓜蒂端形状为溜肩形，瓜顶形状为钝圆

2021358040 长荣八角瓜

形，瓜皮色绿，近瓜蒂端颜色绿，无瓜斑纹。瓜面较光亮，深棱，棱数10，平滑，无瓜瘤，无瓜面蜡粉。瓜肉色白绿，厚7cm。单株瓜数12，单瓜重510g。熟性为中熟。

（42）2021358042 五瓣丝瓜

【种质名称】五瓣丝瓜

【作物类别】丝瓜

【分类】葫芦科丝瓜属

【学名】*Luffa cylindrica* (Linn.) Roem.

【来源地】龙岩市漳平市

【农民认知】适应性强，易栽培。

【利用价值】可食用、药用，具有利尿、活血的功效，可用于市场出售。

2021358042 五瓣丝瓜

【主要特征特性】该作物叶色绿，叶形掌状浅裂，叶片长25cm、宽33cm，叶柄长16cm，第一雌花节位为18节，雌花节数为14。结瓜习性主/侧蔓结瓜，瓜形为长棍棒形，瓜长35cm，瓜横径5cm，近瓜蒂端形状为瓶颈形，瓜顶形状为短钝尖形，瓜皮色绿，近瓜蒂端颜色绿，条状瓜斑纹，瓜斑纹色深绿。瓜面较光亮，无棱，平滑，无瓜瘤，无瓜面蜡粉。瓜肉色白绿，厚5cm。单株瓜数15，单瓜重420g。熟性为中熟。

（43）2018355019 黄肉西瓜

【种质名称】黄肉西瓜

【作物类别】西瓜

【分类】葫芦科西瓜属

【学名】*Citrullus lanatus* (Thunb.) Matdum & Nakai

【来源地】漳州市诏安县

【农民认知】品质优，爽脆多汁、口感甜。

【利用价值】可食用，能降温祛暑，常直接食用或用于加工。

2018355019 黄肉西瓜

【主要特征特性】该作物果实形状为圆形，果形指数0.85，单果重量6～6.5kg。果皮底色浅绿，覆纹浅绿，覆纹网条形，硬度35～45kg/cm²。果肉颜色橙黄，质地脆，中心果肉可溶性固形物含量10.5%。种子表面裂刻，种皮底色红褐色，种子千粒重2.8g。

第二节　叶类蔬菜

（44）2019357223　上海青

【种质名称】上海青

【作物类别】白菜

【分类】十字花科芸薹属

【学名】*Brassica chinensis* L.

【来源地】宁德市周宁县

【农民认知】抑制溃疡，促进代谢。

【利用价值】可食用，常炒食，有抑制溃疡、促进代谢的作用。

2019357223 上海青

【主要特征特性】该白菜株高15～17cm，株幅30～35cm，叶形长卵形，叶顶端圆形，叶色深绿，叶面中，有叶翼，外叶长18～20cm、宽5.5～6.5cm，中肋色绿白、长7～8cm、宽5～6cm，外叶数10～11片，不结球。商品熟性中熟，抽薹性中等。

（45）2017351030　白花败酱

【种质名称】白花败酱

【作物类别】攀倒甑

【分类】败酱科败酱属

【学名】*Patrinia villosa* (Thunb.) Juss.

【来源地】三明市明溪县

【农民认知】可食用，也可入药。

【利用价值】根茎及根有陈腐臭味，可作消炎利尿药，全草药用与败酱相同；味辛、苦，性微寒，具有清热解毒、活血排脓的作用。民间常以嫩苗作蔬菜食用，也作猪饲料用。

【主要特征特性】该作物株型半直立，株高65cm，叶色深绿，叶形长卵圆，叶长19.5cm、宽7.7cm，叶面微皱、无光泽，叶脉浅绿，叶柄淡绿、长4.8cm，花色白，叶表面无毛，叶片尖端锐尖，叶缘形态为波状，分蘖性强，茎粗0.85cm，茎色绿，无茎刺。植株整齐度为整齐。

2017351030 白花败酱

（46）2018351116 苦菜

【种质名称】苦菜

【作物类别】攀倒甑

【分类】败酱科败酱属

【学名】*Patrinia villosa* (Thunb.) Juss.

【来源地】漳州市南靖县

【农民认知】可入药。

【利用价值】根茎及根有陈腐臭味，可作消炎利尿药，全草药用与败酱相同；味辛、苦，性微寒，具有清热解毒、活血排脓的作用。民间常以嫩苗作蔬菜食用，也作猪饲料用。

2018351116 苦菜

【主要特征特性】该作物株型半直立，株高20cm，株幅39cm，叶色深紫，叶形卵形，叶长17.9cm、宽10.3cm，叶面平、无光泽，叶脉浅红，叶柄淡红、长0.2cm，花色白，叶表面多毛，叶片尖端尖，叶缘形态为波状，分蘖性强，茎粗1.4cm，茎色紫红，无茎刺。植株整齐度为中等。

（47）2017351027 白子菜

【种质名称】白子菜

【作物类别】白子菜

【分类】菊科菊三七属

【学名】*Gynura divaricata* (L.) DC.

【来源地】三明市明溪县

【农民认知】可食用，也可药用。

【利用价值】白子菜具有较高的食用价值，用作为蔬菜食用，味道鲜美；有较高的药用价值，味辛、淡，以全草入药，有清热解毒、舒筋接骨、凉血止血等功效。

【主要特征特性】该作物株型半直立，株高70cm，叶色深绿，叶形卵圆，叶长10cm、宽5.5cm，叶面微皱、无光泽，叶脉浅绿，叶柄淡绿、长1.8cm，花色橙，叶表面多毛，叶片尖端钝圆，叶缘形态为波状，分蘖性强，茎粗1cm，茎色紫，有茎刺。植株整齐度为中等。

2017351027 白子菜

（48） 2018358024 苦抓

【种质名称】苦抓

【作物类别】败酱草

【分类】败酱科败酱属

【学名】*Patrinia monandra* C.B.Clarke

【来源地】龙岩市漳平市

【农民认知】清凉、降火，多食败肾，煮不好很苦，第一遍水很苦。

【利用价值】可食用，清凉、降火，多食败肾。

2018358024 苦抓

【主要特征特性】该作物株型半直立，株高20cm，株幅60cm，叶色绿，叶形卵形，叶长17cm、宽7.5cm，叶面微皱、无光泽，叶脉浅绿，叶柄浅绿、长4cm，花色白，叶表面无毛，叶片尖端尖，叶缘形态为波状，分蘖性强，茎粗0.7cm，茎色紫，无茎刺。植株整齐度为中等。

（49） 2018351130 冬寒菜

【种质名称】冬寒菜

【作物类别】冬寒菜

【分类】锦葵科锦葵属

【学名】*Malva crispa* Linn.

【来源地】漳州市南靖县

【农民认知】茎叶嫩滑。

【利用价值】可食用或保健药用。

2018351130 冬寒菜

【主要特征特性】该作物株型展开，株高65cm，株幅66cm，叶色深绿，叶形掌状五裂，叶长11.3cm、宽15.6cm，叶面皱缩、有光泽，叶脉紫红，叶柄绿、长20.5cm，花色红，叶片尖端钝圆，叶缘形态为波状，分蘖性强，茎粗1.4cm，茎色微红，无茎刺。植株整齐度为整齐。

（50） 2018351135 牛皮菜

【种质名称】牛皮菜

【作物类别】厚皮菜

【分类】藜科甜菜属

【学名】*Beta vulgaris* var. *cicla* L.

【来源地】漳州市南靖县

【农民认知】柔嫩多汁。

【利用价值】可食用，常作蔬菜炒食。

【主要特征特性】该作物株型展开，株高45cm，株幅43cm，叶色绿，叶形卵形，叶长41cm、宽10.1cm，叶面皱缩、有光泽，叶脉黄绿，叶柄浅绿、长3.5cm，花色黄，叶片尖端钝圆，叶缘形态为全缘，无分蘖。植株整齐度为整齐。

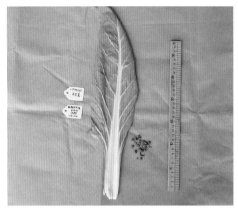

2018351135 牛皮菜

(51) 2019357110 厚皮菜

【种质名称】厚皮菜

【作物类别】厚皮菜

【分类】藜科甜菜属

【学名】*Beta vulgaris* var. *cicla* L.

【来源地】宁德市蕉城区

【农民认知】优质、广适。

【利用价值】可食用，常作蔬菜炒食。

【主要特征特性】该作物株型展开，株高46cm，株幅44cm，叶色绿，叶形卵形，叶长43cm、宽11.3cm，叶面皱缩、有光泽，叶脉黄绿，叶柄浅绿、长3.6cm，花色黄，叶片尖端钝圆，叶缘形态为全缘，无分蘖。植株整齐度为整齐。

2019357110 厚皮菜

(52) 2017352089 宽叶芥菜

【种质名称】宽叶芥菜

【作物类别】芥菜

【分类】十字花科芸薹属

【学名】*Brassica juncea*（L.）Czern. et Coss.

【来源地】福州市闽侯县

【农民认知】品质优，清甜。

【利用价值】可做蔬菜食用；种子磨粉可作芥末，为调味料。

【主要特征特性】该作物株高80cm，株幅107cm，株型开展，分蘖性强，叶型为板叶，叶形倒卵形，叶顶端形状圆，叶缘齿状为波状，叶裂回数为一回，叶面皱，无叶面刺毛，无叶面蜡粉，叶

2017352089 宽叶芥菜

色深绿，叶长84.5cm、宽33cm，叶柄色浅绿，无叶瘤，叶柄长7cm、宽5.2cm、厚1.5cm，不结球。单株总重为3 560.2g。

(53) 2017355087 芥菜

【种质名称】芥菜

【作物类别】芥菜

【分类】十字花科芸薹属

【学名】*Brassica juncea* (L.) Czern. et Coss.

【来源地】三明市三元区

【农民认知】好吃。

【利用价值】可食用，能化痰平喘，消肿止痛，常炒食或做汤。

【主要特征特性】该作物株高72cm，株幅86cm，株型开展，分蘖性弱，叶型为板叶，叶形倒卵形，叶顶端形状圆，叶

2017355087 芥菜

缘齿状为浅锯齿状，叶裂回数为一回，叶面多皱，无叶面刺毛，无叶面蜡粉，叶色绿，叶长79cm、宽38cm，叶柄色绿，无叶瘤，叶柄长3.2cm、宽2.5cm、厚1.5cm，不结球。单株总重为3 564.2g。

(54) 2018355134 芥菜

【种质名称】芥菜

【作物类别】芥菜

【分类】十字花科芸薹属

【学名】*Brassica juncea* (L.) Czern. et Coss.

【来源地】宁德市屏南县

【农民认知】纤维含量少，口感清脆。

【利用价值】可食用，纤维含量少，口感清脆。

【主要特征特性】该作物株高30cm，株幅106cm，株型开展，分蘖性强，叶型为板叶，叶形卵圆形，叶顶端形状钝尖，叶缘齿状为波状，叶裂回数为一回，叶面微皱，无叶面刺毛，无叶面蜡粉，叶色深绿，叶长66cm、宽23cm，叶柄色紫，无叶瘤，叶柄长11cm、宽3.5cm、厚0.8cm，不结球。单株总重为3 175.9g。

2018355134 芥菜

（55）2021352236 福州三叉空心菜-2

【种质名称】福州三叉空心菜-2

【作物类别】蕹菜

【分类】旋花科番薯属

【学名】*Ipomoea aquatica* Forsk.

【来源地】福州市闽侯县

【农民认知】茎叶茂盛，叶大且绿，品质好，供应期长。

【利用价值】可食用，常清炒。

【主要特征特性】该作物株型直立，株高42cm。主蔓节间长4.8cm，主蔓粗1.2cm，颜色绿色。皮孔颜色无色，无茎刺瘤，下胚轴绿色、长3.5cm、粗2.5mm。子叶裂片长3.1cm、宽4.0mm，子叶长3.8cm、宽3.7cm，子叶柄长2.7cm、粗2.0mm。叶片形状披尖形，叶尖锐尖，叶缘为全缘，叶基楔形，叶片长13cm、宽2.3cm、色绿，叶柄长5.2cm、粗6.8mm、色绿，叶型为中叶。每花序花数6～7，每花序果数3～4，冠喉颜色白，柱头颜色白。果实纵径6.2mm，横径5.6mm。单果籽数3～4，开花结籽率中等，种子颜色褐，千粒重49.6g。单株总重为16.2g，分蘖数3。形态一致性为一致。

2021352236 福州三叉空心菜-2

（56）2020357105 盘菜

【种质名称】盘菜

【作物类别】芜菁

【分类】十字花科芸薹属

【学名】*Brassica rapa* L.

【来源地】宁德市周宁县

【农民认知】开胃下气，利湿解毒的功效。

【利用价值】可食用，块根熟食或用来泡酸菜，开胃下气，具有利湿解毒的功效；也可作饲料。

【主要特征特性】该作物株型展开，株高75cm，株幅48cm，叶色绿，叶形长卵，叶长37cm、宽16cm，叶面皱缩、无光泽，叶脉浅绿、叶柄浅绿、长8.3cm，花色黄，叶片尖端钝圆，叶缘形态为浅锯齿，无分蘖。植株整齐度为中等。

2020357105 盘菜

（57）2017354018 苋菜

【种质名称】苋菜

【作物类别】苋菜

【分类】苋科苋属

【学名】*Amaranthus tricolor* Linn.

【来源地】福州市罗源县

【农民认知】煮食汁更好，抗病、抗虫。

【利用价值】可食用，常炒食、煮汤。

【主要特征特性】该作物幼苗叶面色绿，幼苗叶背色绿，幼苗叶形纺锤，成株期叶形披针。叶面颜色绿，叶背颜色绿，叶缘形态全缘，叶面皱缩。叶片长11cm、宽4cm、尖端锐尖，无叶面刺毛，叶柄长5cm、颜色红，叶基渐狭，叶着生状态为半直角。分枝性强，茎粗0.6cm，茎色红，无茎枝刺毛。

2017354018 苋菜

（58）2017355007 红苋菜

【种质名称】红苋菜

【作物类别】苋菜

【分类】苋科苋属

【学名】*Amaranthus tricolor* Linn.

【来源地】三明市三元区

【农民认知】易成活。

【利用价值】可食用，能补气、清热、明目、滑胎、利大小肠，捣汁服用。

【主要特征特性】该作物成株期叶形长圆，叶面颜色花，叶背颜色花，叶缘形态全缘，叶面皱缩。叶片长23cm、宽12cm，叶片尖端尖，无叶面

2017355007 红苋菜

刺毛，叶柄长9.5cm、颜色浅绿，叶基楔形，叶着生状态为半直角。分枝性中，茎粗2.2cm，茎色绿，无茎枝刺毛。单株重768.2g。植株整齐度为整齐。

（59）2017355034 尖叶红苋菜

【种质名称】尖叶红苋菜

【作物类别】苋菜

【分类】苋科苋属

【学名】*Amaranthus tricolor* Linn.

【来源地】三明市三元区

【农民认知】好吃，好种。

【利用价值】可食用，能补气、清热、明目、滑胎、利大小肠，捣汁服用。

【主要特征特性】该作物成株期叶形披针，叶面颜色花，叶背颜色花，叶缘形态全缘，叶面皱缩。叶片长

2017355034 尖叶红苋菜

19.5cm、宽6.5cm，叶片尖端锐尖，无叶面刺毛，叶柄长7cm、颜色紫红，叶基楔形，叶着生状态为半直角。分枝性中，茎粗2.5cm，茎色紫红，无茎枝刺毛。单株重673.1g。植株整齐度为中等。

（60）2018351321 白刺苋菜

【种质名称】白刺苋菜

【作物类别】苋菜

【分类】苋科苋属

【学名】*Amaranthus tricolor* Linn.

【来源地】漳州市平和县

【农民认知】可食用。

【利用价值】可食用，能清热解毒、预防骨质疏松，常煮食。

【主要特征特性】该作物幼苗叶面色绿，幼苗叶背色绿，幼苗叶形卵圆，成株期叶形卵形。叶面颜色绿，叶背颜色绿，叶缘形态全缘，叶面平滑。叶片长7.5cm、宽4.5cm，叶片尖端钝圆，无叶面刺毛，叶柄长8cm，颜色浅绿，叶基楔形，叶着生状态为半直角。分枝性强，茎粗0.6cm，茎色绿，无茎枝刺毛。

2018351321 白刺苋菜

（61）2018352078 红苋菜

【种质名称】红苋菜

【作物类别】苋菜

【分类】苋科苋属

【学名】*Amaranthus tricolor* Linn.

【来源地】泉州市安溪县

【农民认知】品质优。

【利用价值】该作物是一种营养价值极高的蔬菜，特别是含有较多的铁、钙等矿物质，同时含有较多的胡萝卜素和维生素C，一般作蔬菜食用，可炒、煮、做馅等，还可以入药，用鲜苋菜捣汁或水煎浓缩，服后可治咽喉肿痛、扁桃体炎。

2018352078 红苋菜

【主要特征特性】该作物幼苗叶面色红，幼苗叶背色红，幼苗叶形近圆形，成株期叶形卵形，叶面颜色红，叶背颜色红，叶缘形态全缘，叶面皱缩。叶片长5cm、宽4.5cm，叶片尖端钝圆，无叶面刺毛，叶柄长5.5cm、颜色红，叶基楔形，叶着生状态为半直角。分枝性中，茎粗0.5cm，茎色红，无茎枝刺毛。

（62）2017351026 紫背菜

【种质名称】紫背菜

【作物类别】紫背天葵

【分类】秋海棠科秋海棠属

【学名】*Begonia fimbristipula* Hance

【来源地】三明市明溪县

【农民认知】营养保健价值与风味特殊。

【利用价值】可食用，具营养保健价值，风味特殊。

【主要特征特性】该作物株型半直立，株高50cm，叶色正面深绿、反面淡紫，叶形卵形。叶片长6.8cm、宽5cm，叶面微皱、有光泽，叶脉浅绿，

2017351026 紫背菜

叶柄淡绿、长3.5cm，花色橙，叶表面无毛，叶片尖端尖，叶缘形态为波状。分蘖性强，茎粗1.4cm，茎色淡紫，无茎刺。植株整齐度为中等。

第三节 根茎类蔬菜

(63) 2017352016 姜

【种质名称】姜

【作物类别】姜

【分类】姜科姜属

【学名】*Zingiber officinale* Rosc.

【来源地】福州市闽侯县

【农民认知】品质优，带香气。

【利用价值】可食用，根茎供药用。鲜品或干品可作烹调配料或制成酱菜、糖姜；茎、叶、根茎均可提取芳香油。

【主要特征特性】该作物根状茎长13cm、宽17cm，表皮颜色黄、光滑，分枝级数3，重363.5g。子姜形状灯泡形，长7.5cm，粗4.5cm，茎节数6，节间长1cm，肉色黄色。根系强。

2017352016 姜

(64) 2021351201 双第本地姜

【种质名称】双第本地姜

【作物类别】姜

【分类】姜科姜属

【学名】*Zingiber officinale* Rosc.

【来源地】漳州市龙海区

【农民认知】香味浓。

【利用价值】可食用、加工；可用于食品染色。

【主要特征特性】该作物株高120cm，株幅50cm，分枝数5，顶端叶角度为30°。叶长34cm、宽3cm，叶形为披针形，叶色绿，边缘淡黄色，无叶正面茸毛，无叶背面茸毛，叶鞘绿色。主茎叶数14，地下茎黄色。

2021351201 双第本地姜

（65） 2021351202 黄姜

【种质名称】黄姜

【作物类别】姜

【分类】姜科姜属

【学名】*Zingiber officinale* Rosc.

【来源地】漳州市龙海区

【农民认知】食品染色。

【利用价值】可食用、加工；可用于食品染色。

【主要特征特性】该作物株高116cm，株幅86cm，分枝数5，顶端叶角度为25°。叶长21cm、宽7cm，叶形为披针形，叶色绿，无叶正面茸毛，无叶背面茸毛，叶鞘绿色。主茎叶数4，地上茎高51cm，地下茎黄色。

2021351202 黄姜

（66） 2021355003 草洋生姜

【种质名称】草洋生姜

【作物类别】姜

【分类】姜科姜属

【学名】*Zingiber officinale* Rosc.

【来源地】三明市三元区

【农民认知】口感好、高海拔。

【利用价值】可食用，香味辛浓、香辣，常用于炖汤作调料。

【主要特征特性】该作物根状茎单行排列，长11cm、宽8cm，表皮颜色黄、光滑，分枝级数3，重53.2g。子姜形状灯泡形，长3.5cm，粗2.5cm，茎节数8，节间长0.5cm，肉色黄色。根系强。

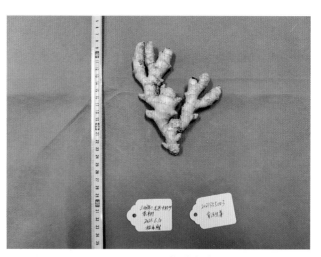

2021355003 草洋生姜

（67） 2021357010 蕉城钟洋白竹姜

【种质名称】蕉城钟洋白竹姜

【作物类别】姜

【分类】姜科姜属

【学名】*Zingiber officinale* Rosc.

【来源地】宁德市蕉城区

【农民认知】个头较大，味道较好。

【利用价值】可食用，常作调料调味，或用于泡姜水。

【主要特征特性】该作物根状茎双行排列，根状茎表皮颜色黄，表皮褶皱。子姜形状长棒形，长9.9cm，粗4cm，茎节数8，节间长2.2cm，肉色黄色。根系强。

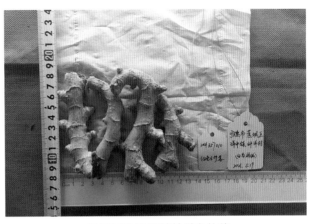

2021357010 蕉城钟洋白竹姜

（68）2021357023 蕉城黄家白姜

【种质名称】蕉城黄家白姜

【作物类别】姜

【分类】姜科姜属

【学名】*Zingiber officinale* Rosc.

【来源地】宁德市蕉城区

【农民认知】本地种，根茎肥厚，多分枝，有芳香和辛辣味。

【利用价值】可食用，能治感冒驱风寒、治呕吐、止咳等，常用作做菜配料，可制作成酱菜和酸菜或糖姜。

【主要特征特性】该作物顶端叶角度为水平，叶长21cm、宽3cm，叶形为披针形，叶色绿，无叶正面茸毛，无叶背面茸毛，叶鞘绿色，地下茎黄色。根状茎双行排列，长13.5cm、宽9cm，表皮颜色黄，表皮光滑，分枝级数3。

2021357023 蕉城黄家白姜

（69）2017354069 土人参

【种质名称】土人参

【作物类别】土人参

【分类】马齿苋科土人参属

【学名】*Talinum Paniculatum* (Jacq.) Gaertn.

【来源地】福州市罗源县

【农民认知】优质，抗病，抗虫。

【利用价值】可食用、保健药用，嫩茎叶品质脆嫩、爽滑可口，可炒食或做汤。肉质根可凉拌，宜与肉类炖汤，药膳两用。根、叶均可食用，营养丰富，口感嫩滑，风味独特，药蔬兼用。

【主要特征特性】该作物株型直立，株高45cm，株幅23cm，叶色深绿，叶形卵形。叶长11cm、宽5.8cm，叶面平、有光泽，叶脉浅绿，叶柄绿、长0.2cm，花色紫红，叶片尖端尖，叶缘形态为全缘。分蘖性强，茎粗0.8cm，茎色淡红，无茎刺。植株整齐度为中等。

2017354069 土人参

（70）2018351111 土人参

【种质名称】土人参
【作物类别】土人参
【分类】马齿苋科土人参属
【学名】*Talinum Paniculatum* (Jacq.) Gaertn.
【来源地】漳州市南靖县
【农民认知】块茎与嫩茎叶均可食用。
【利用价值】可食用、保健药用，嫩茎叶品质脆嫩、爽滑可口，可炒食或做汤。肉质根可凉拌，宜与肉类炖汤，药膳两用。根、叶均可食用，营养丰富，口感嫩滑，风味独特，药蔬兼用。

2018351111 土人参

【主要特征特性】该作物株型直立，株高42cm，株幅21cm，叶色深绿，叶形卵形。叶长10cm、宽5.7cm，叶面平、有光泽，叶脉浅绿，叶柄绿、长0.2cm，花色紫红，叶片尖端尖，叶缘形态为全缘。分蘖性强，茎粗0.8cm，茎色绿，无茎刺。植株整齐度为中等。

（71）2017351063 明溪大薯

【种质名称】明溪大薯
【作物类别】山药
【分类】薯蓣科薯蓣属

【学名】*Dioscorea opposita* Thunb.

【来源地】三明市明溪县

【农民认知】高产。

【利用价值】可食用，有安神除烦、健脾、止泻、提高免疫力等功效，常蒸食、炒食或熬汤。

【主要特征特性】该作物株型灌木型，蔓盘绕习性为逆时针盘绕，嫩茎长18.5cm，蔓数1，蔓长3.62m，节间长17.3cm，茎粗5.3mm，茎色紫绿，分枝数多，有裂纹，有蜡质。单株叶数1 275，叶密度高，叶型为复

2017351063 明溪大薯

叶，叶形心形，叶尖锐尖，叶耳间距小，叶缘全缘，叶缘绿色，浅叶裂刻。蜡质分布于叶正面，叶色深绿，叶长19.1cm、宽9.8cm，叶厚度薄。叶柄绿色，基部紫色，茸毛稀，长14.3cm。叶脉绿色，有卷须，卷须轻度卷曲。叶片无翻卷，无托叶，无零余子。有块茎，根状茎，每丛块茎数1，块茎疏散独立，形状圆柱形，无分枝，根毛少，根毛分布于全部，表皮少皱，表皮褐色，硬度为软，肉色乳白，肉质褐化>2min，肉质胶质中，肉质为粒状，长65cm，宽10cm，肉质胶质刺激性中。无球茎。熟性为中熟，不耐贮。

（72）2017354020 柴薯

【种质名称】柴薯

【作物类别】山药

【分类】薯蓣科薯蓣属

【学名】*Dioscorea opposita* Thunb.

【来源地】福州市罗源县

【农民认知】口感粗散。

【利用价值】可食用，有安神除烦、健脾、止泻、提高免疫力等功效，常蒸食、炒食或熬汤。

【主要特征特性】该作物株型匍匐型，蔓盘绕习性为逆时针盘绕，嫩茎长94cm，蔓数2，蔓长<2m，节间长12.94cm，茎粗6.63mm，茎色绿，分枝数4，无裂纹，无蜡质。单株叶数197，叶密度中，叶型为单叶，叶形剑形，叶尖锐尖，叶耳间距小，叶缘全缘、绿色，无叶裂刻，叶面无蜡质，叶色深绿，叶长15.15cm、宽13.44cm，叶厚度中。叶柄浅绿色，茸毛稀，长8.38cm。叶脉灰紫色，无卷须，叶片翻卷度弱，无托叶，无零余子。有块茎，块状茎，每丛块茎

2017354020 柴薯

数1，块茎紧密独立，形状卵形，无分枝，根毛多、分布于全部，表皮多皱、褐色，硬度为硬，肉色乳白，肉质褐化>2min，肉质胶质中，长15cm，宽6.1cm，肉质胶质刺激性中。无球茎，球茎与块茎易分离，球茎类型为横向拉长型。不开花，较耐贮藏。

（73）2018356178 尤溪县本地大薯

【种质名称】尤溪县本地大薯

【作物类别】山药

【分类】薯蓣科薯蓣属

【学名】*Dioscorea alata* L.

【来源地】三明市尤溪县

【农民认知】产量高、风味好，易种植。

【利用价值】可食用、药用，常用于煮食、煲汤、磨成粉末。

【主要特征特性】该作物株型灌木型，蔓盘绕习性为逆时针盘绕，嫩茎长19.5cm，蔓数1，蔓长3.63m，节间长16.8cm，茎粗6.6mm，茎色绿，分

2018356178 尤溪县本地大薯

枝数多，有裂纹，有蜡质。单株叶数958，叶密度高，叶型为复叶，叶形剑形，叶尖锐尖，叶耳间距小，叶缘全缘、绿色，浅叶裂刻，蜡质分布于叶正面，叶色深绿，叶长18.6cm、宽10.6cm，叶厚度薄。叶柄浅绿色，茸毛稀，长11.5cm。叶脉绿色，有卷须，卷须轻度卷曲，叶片无翻卷，无托叶，无零余子。有块茎，块状茎，每丛块茎数4，块茎紧密独立，形状卵形，多分枝，根毛多、分布于上部，表皮少皱、浅褐色，硬度为硬，肉色乳白，肉质褐化<1min，肉质胶质中，肉质为粒状，长40cm，宽16cm，肉质胶质刺激性中。有球茎，球茎与块茎难分离，球茎类型为分枝型。不开花，熟性为中熟，耐贮。

（74）2018358027 漳平市本地甜薯2

【种质名称】漳平市本地甜薯2

【作物类别】山药

【分类】薯蓣科薯蓣属

【学名】*Dioscorea opposita* Thunb.

【来源地】龙岩市漳平市

【农民认知】炖汤好喝。

【利用价值】可食用，能养胃、降血糖，常用于炒食、蒸食或煲汤。

【主要特征特性】该作物株型灌木型，蔓盘绕习性为逆时针盘绕，嫩茎长19.6cm，蔓数1，蔓长3.17m，节间长16.2cm，茎粗6.5mm，茎色绿，分枝数多，有裂纹，有蜡质。单

株叶数1 185，叶密度高，叶型为复叶，叶形心形，叶尖锐尖，叶耳间距小，叶缘全缘、绿色，浅叶裂刻，蜡质分布于叶正面，叶色深绿，叶长19.7cm、宽14.8cm，叶厚度薄。叶柄绿色，基部紫色，茸毛稀，长10.5cm。叶脉绿色，有卷须，卷须轻度卷曲，叶片翻卷度强，无托叶，无零余子。有块茎，根状茎，每丛块茎数1，块茎疏散独立，形状圆柱形，无分枝，根毛少，根毛分布于全部，表皮少皱、褐色，硬度为硬，肉色乳白，肉质褐化>2min，肉质胶质多，肉质为粒状，长72cm，宽5.8cm，肉质胶质刺激性中。有球茎，球茎与块茎难分离，球茎类型为横向拉长型。不开花，熟性为中熟，不耐贮。

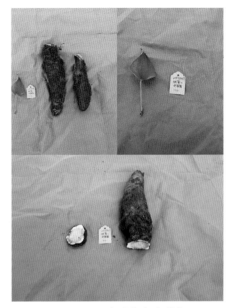

2018358027 漳平市本地甜薯2

(75) 2019357219 薯蓣

【种质名称】薯蓣

【作物类别】山药

【分类】薯蓣科薯蓣属

【学名】*Dioscorea opposita* Thunb.

【来源地】宁德市周宁县

【农民认知】炖汤好喝。

【利用价值】可食用，能养胃、降血糖，常用于煮稀饭、炒食、煲汤。

【主要特征特性】该作物株型匍匐型，蔓盘绕习性为逆时针盘绕，嫩茎长80.33cm，蔓数1，蔓长<2m，节间长9.72cm，茎粗3.26mm，茎色绿带紫，分枝数3，无裂纹，无蜡质。单株叶数191，叶密度中，叶型为单叶，叶形心形，叶尖锐尖，叶耳间距

2019357219 薯蓣

小，叶缘全缘、绿色，无叶裂刻，叶面无蜡质，叶色黄绿，叶长8.79cm、宽7.75cm，叶厚度中。叶柄浅绿色，茸毛稀，长6.14cm。叶脉黄绿色，无卷须，叶片无翻卷，无托叶，无零余子。有块茎，块状茎，每丛块茎数3，块茎紧密独立，形状不规则，分枝数3，根毛少、分布于上部，表皮少皱、浅褐色，硬度为硬，肉色乳白，肉质褐化>2min，肉质胶质少，长28.54cm，宽4.81cm，肉质胶质刺激性中。有球茎，球茎与块茎难分离，球茎类型为分枝型。不开花，耐贮藏。

（76）2019358055 田薯蓣

【种质名称】田薯蓣

【作物类别】山药

【分类】薯蓣科薯蓣属

【学名】*Dioscorea opposita* Thunb.

【来源地】龙岩市漳平市

【农民认知】优质。

【利用价值】可食用，常用于炒食、炖汤。

【主要特征特性】该作物株型匍匐型，蔓盘绕习性为逆时针盘绕，嫩茎长75.45cm，蔓数1，蔓长<2m，节间长7.55cm，茎粗3.56mm，茎色绿，分枝数4，无裂纹，无蜡质。单株叶数218，叶密度高，叶型为单叶，叶形剑形，叶尖锐尖，叶耳间距小，叶缘全缘、绿色，无叶裂刻，蜡质分布于叶正面，叶色黄绿，叶长11.86cm、宽6.74cm，叶厚度中。叶柄绿色基部紫色，茸毛稀，长6.82cm，叶脉黄绿色，无卷

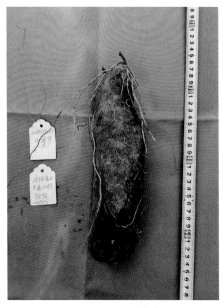

2019358055 田薯蓣

须，叶片无翻卷，无托叶，无零余子。有块茎，根状茎，每丛块茎数1，块茎紧密独立，形状圆柱形，二分枝，根毛少、分布于上部，表皮少皱、浅褐色，硬度为硬，肉色乳白，肉质褐化>2min，肉质胶质少，长32.45cm，宽5.95cm，肉质胶质刺激性中。有球茎，球茎与块茎易分离，球茎类型为规则型。不开花，耐贮藏。

（77）2017351002 蕉芋

【种质名称】蕉芋

【作物类别】蕉芋

【分类】美人蕉科美人蕉属

【学名】*Canna edulis* Ker Gawl.

【来源地】三明市明溪县

【农民认知】生命力强，适应性广。

【利用价值】可食用，口感好。

【主要特征特性】株高180cm，开展度110～130cm；分蘖性强；叶鞘紫红色；叶梗长120cm、宽5cm、厚3cm，叶梗不能食；不开花，地下茎由25～30块长圆块密切连结组成，属多头芋类；单株芋重6.5kg；晚熟，

2017351002 蕉芋

播种至收获270d，属旱芋；耐热性强，耐寒性弱，抗病虫性强；贮藏性强。

(78) 2017352013 魔芋

【种质名称】魔芋

【作物类别】魔芋

【分类】天南星科魔芋属

【学名】*Amorphophallus riviveri* Durieu

【来源地】福州市闽侯县

【农民认知】大。

【利用价值】可食用、保健药用。

【主要特征特性】块茎扁球形，直径7.5～25cm，顶部中央多稍下凹，暗红褐色；叶柄长45～150cm，基部粗3～5cm；花序柄长50～70cm、粗1.5～2cm，色泽同叶柄；浆果球形或扁球形，成熟时黄绿色；花期4—6月，果8—9月成熟。

2017352013 魔芋

(79) 2018352070 肉芋

【种质名称】肉芋

【作物类别】芋

【分类】天南星科芋属

【学名】*Colocasia esculenta* (L.) Schott.

【来源地】泉州市安溪县

【农民认知】品质优。

【利用价值】一种重要的蔬菜兼粮食作物，营养和药用价值高，是老少皆宜的营养品，除主要利用淀粉外，芋头还可以用于制醋、酿酒、分离蛋白质、提取生物碱等。

2018352070 肉芋

【主要特征特性】株高150cm，开展度140cm；分蘖性弱；叶鞘绿色；叶梗长130cm、宽22cm、厚2.5cm，叶梗能食；母芋长圆球形，纵径20cm，横径12cm；单株母芋重1～2kg，子芋数3～5个、重1kg；晚熟，定植至收获240～270d，属旱芋；耐热寒，抗逆性弱；球茎贮藏性强；品质致密略粉，适于熟食；2月上旬至4月上旬播种，最适2月中旬，每亩*种植800株，亩产2 000kg；10月上旬至翌年2月下旬均有上市。

---

* 亩为非法定计量单位，1亩=1/15hm^2。——编者注

（80）2018355120 红芽芋

【种质名称】红芽芋

【作物类别】芋

【分类】天南星科芋属

【学名】*Colocasia esculenta* (L.) Schott.

【来源地】宁德市屏南县

【农民认知】优质。

【利用价值】块茎可食：可作羹菜，也可代粮或制淀粉。

2018355120 红芽芋

【主要特征特性】株高120cm，开展度75cm；分蘖性强；叶鞘紫红色；叶梗长98cm、宽6cm、厚1.5cm，叶梗及花梗均可食用；母芋呈圆形、重0.75kg，每株子芋数11个、重1.5kg左右；晚熟，定植至收获200d，属水芋；耐热，抗病虫性强，耐贮藏；品质中等；3月下旬至4月下旬播种，每亩种植800株，亩产一般1 500kg左右，最高达2 000kg；8月下旬至11月中旬均有上市。

第四节　茄果类蔬菜

（81）2017352038 红秋葵

【种质名称】红秋葵

【作物类别】黄秋葵

【分类】锦葵科秋葵属

【学名】*Hibiscus esculentus* L.

【来源地】福州市闽侯县

【农民认知】果实红色。

【利用价值】可食用，具有健胃肠、滋补阴阳之功效，果实作蔬菜食用，其叶片、芽、花也可食用。

【主要特征特性】该作物下胚轴红色，中期茎色红，叶柄色紫，株高100cm，茎粗3.2cm。果实紫红色，表面多毛，果顶长尖，果实微弯、棱数5～7。果柄表面稀疏粗毛，色红，长4.5cm，粗0.8cm。单株间形态一致，果姿直立。单果重32g，单果种子数85。

2017352038 红秋葵

（82）2017355003 黄秋葵

【种质名称】黄秋葵

【作物类别】黄秋葵

【分类】锦葵科秋葵属

【学名】*Hibiscus esculentus* L.

【来源地】三明市三元区

【农民认知】味道好。

【利用价值】可食用，能降血糖，常用于炒肉、炖汤、凉拌，味道好。

【主要特征特性】该作物下胚轴绿色，中期茎色绿，叶柄色绿，株高128cm，茎粗3.1cm。果实黄绿色，表面多毛，果顶长尖，果实S形弯、棱数6～7。果柄表面稀疏粗毛，色黄绿，长4.5cm，粗0.5cm。单株间形态为连续变异，果姿直立。单果重47g，单果种子数97。

2017355003 黄秋葵

（83） 2018351274 本地小米椒

【种质名称】本地小米椒

【作物类别】辣椒

【分类】茄科辣椒属

【学名】*Capsicum annuum* L.

【来源地】龙岩市武平县

【农民认知】耐贫瘠，抗病性强。

【利用价值】可食用，常用作配料或用于加工制酱。

【主要特征特性】该作物株型半直立，分枝类型为无限分枝，分枝性强。主茎色浅绿，叶形披针形，叶色黄绿，

2018351274 本地小米椒

首花节位6～7节，单节叶腋着生花数1，花梗着生状态直立。青熟果皮色乳黄，无果面棱沟，果面有光泽、微皱，无果肩，果顶细尖，无果脐附属物，果基部宿存花萼下包。商品果纵径4.5～5cm，横径1～1.2cm，果梗长度2.8～3cm，果形为长指形，胎座中等大小，果肉厚0.1～0.2cm，心室数2。老熟果色鲜红，单果重3.5～3.8g，单株果数400～420，单产30 000～32 000kg/hm^2。熟性为中熟。播种期3月，商品果始收期8月下旬，红果采收期9月中旬。

（84） 2018351306 红米椒

【种质名称】红米椒

【作物类别】辣椒

【分类】茄科辣椒属

【学名】*Capsicum annuum* L.

【来源地】漳州市平和县

【农民认知】很辣。

【利用价值】可食用，常用作配料或用于加工制酱。

【主要特征特性】该作物株型半直立，分枝类型为无限分枝，分枝性强。主茎色绿带紫条纹，叶形披针形，叶色深绿，首花节位6～7节，单节叶腋着生花数1，花梗着生状态直立。青熟果皮色黄绿，无果面棱沟，果面有光泽、微皱，无果肩，果顶细尖，无果脐附属物，果基部宿存花萼下包。商品果纵径5～5.5cm，横径1～1.2cm，果梗长

2018351306 红米椒

度3.2 ～ 3.5cm，果形为长指形，胎座中等大小，果肉厚0.1 ～ 0.2cm，心室数2。老熟果色鲜红，单果重4 ～ 4.2g，单株果数360 ～ 380，单产28 000 ～ 30 000kg/hm²。熟性为中熟。播种期3月，商品果始收期8月下旬，红果采收期9月中旬。

（85）2019351399 本地米椒

【种质名称】本地米椒

【作物类别】辣椒

【分类】茄科辣椒属

【学名】*Capsicum annuum* L.

【来源地】漳州市平和县

【农民认知】辣。

【利用价值】可食用，具有温中健胃、杀虫功效，常做成调味剂或制成泡椒。

【主要特征特性】该作物株型半直立，分枝类型为无限分枝，分枝性强。主茎色浅绿，叶形披针形，叶色黄绿，首花节位6 ～ 7节，单节叶腋着生花数2，花梗着生状态直立。青熟果皮色乳黄，无果面棱沟，果面有光泽、微皱，无果肩，果顶细尖，无果脐附属物，果基部宿存花萼下包。商品果纵径4 ～ 4.5cm，横径0.7 ～ 0.9cm，果梗长

2019351399 本地米椒

度2.5 ～ 2.8cm，果形为长指形，胎座中等大小，果肉厚0.1 ～ 0.2cm，心室数2。老熟果色鲜红，单果重2.5 ～ 2.8g，单株果数380 ～ 400，单产30 000 ～ 32 000kg/hm²。熟性为中熟。播种期3月，商品果始收期8月下旬，红果采收期9月中旬。

（86）2021351101 小米椒

【种质名称】小米椒

【作物类别】辣椒

【分类】茄科辣椒属

【学名】*Capsicum annuum* L.

【来源地】漳州市南靖县

【农民认知】味辛辣。

【利用价值】可食用，辣味足。

【主要特征特性】该作物株型半直立，分枝类型为无限分枝，分枝性强。主茎色浅绿，叶形长卵圆形，叶色黄绿，首花节位6 ～ 7节，单节叶

2021351101 小米椒

腋着生花数2，花梗着生状态直立。青熟果皮色乳黄，无果面棱沟，果面有光泽、微皱，无果肩，果顶细尖，无果脐附属物，果基部宿存花萼下包。商品果纵径1.3～1.5cm，横径0.5～0.7cm，果梗长度1.8～2cm，果形为短指形，胎座中等大小，果肉厚0.1～0.2cm，心室数2。老熟果色鲜红，单果重1.5～1.8g，单株果数390～410，单产27 000～29 000kg/hm²。熟性为中熟。播种期3月，商品果始收期8月下旬，红果采收期9月中旬。

（87）2021355106 进水小辣椒

【种质名称】进水小辣椒

【作物类别】辣椒

【分类】茄科辣椒属

【学名】*Capsicum annuum* L.

【来源地】漳州市诏安县

【农民认知】辣、抗逆、多果。

【利用价值】可食用，常用作食用调味料。

【主要特征特性】该作物无果面棱沟，果面有光泽、光滑，无果肩，果顶细尖，无果脐附属物，果基部宿存花萼下包。商品果纵径6cm，横径1cm，果梗长度3.5cm，果形为长指形，胎座小，果肉厚1cm，心室数2。老熟果色鲜红，单果重2.5g。

2021355106 进水小辣椒

第五节 其他蔬菜

（88）2017355119 黑籽四季豆

【种质名称】黑籽四季豆

【作物类别】菜豆

【分类】豆科菜豆属

【学名】*Phaseolus vulgaris* Linn.

【来源地】三明市三元区

【农民认知】炒辣椒好吃。

【利用价值】可食用，能补充叶酸，常炒食。

【主要特征特性】该菜豆蔓生，花色紫红，株高2.7～3.0m，主茎节数24，单株分枝数4.9，结荚习性为无限结荚。单株荚数26，荚色绿，荚形短圆棍形，荚长13.6cm、宽1.5cm，单荚粒数6，单株产量17.8g。粒色黑，粒形肾形，百粒重25.5g。

2017355119 黑籽四季豆

（89）2018351018 四季豆（青蓝湖）

【种质名称】四季豆（青蓝湖）

【作物类别】菜豆

【分类】豆科菜豆属

【学名】*Phaseolus vulgaris* Linn.

【来源地】漳州市龙海区

【农民认知】味道好。

【利用价值】可供煮食、炒食、凉拌，还可以进行干制、速冻等加工，是一种鲜嫩可口，色、香、味俱佳，营养丰富的优质蔬菜。

【主要特征特性】该菜豆蔓生，花色白，株高3.5m，主茎节数23，单株

2018351018 四季豆（青蓝湖）

分枝数3，结荚习性为有限结荚。单株荚数25，荚色黄，荚形长圆棍形，荚长12.3cm、宽0.9cm，单荚粒数7，单株产量16.4g。粒色粉，粒形肾形，百粒重23g。

（90）2018351209 四季豆（白籽）

【种质名称】四季豆（白籽）

【作物类别】菜豆

【分类】豆科菜豆属

【学名】*Phaseolus vulgaris* Linn.

【来源地】龙岩市武平县

【农民认知】菜豆根系发达、侧根多，较耐旱而不耐涝。

【利用价值】可食用，性甘、淡、微温，归脾、胃经；鲜嫩荚可作蔬菜食用，也可脱水或制罐头。

2018351209 四季豆（白籽）

【主要特征特性】该菜豆蔓生，花色白，株高2.6～3.1m，主茎节数27，单株分枝数2.5，结荚习性为无限结荚。单株荚数24，荚色绿，荚形弯圆棍形，荚长17.5cm、宽0.7cm，单荚粒数8，单株产量17.3g。粒色白，粒形肾形，百粒重24.6g。

（91）2018351315 四季豆

【种质名称】四季豆

【作物类别】菜豆

【分类】豆科菜豆属

【学名】*Phaseolus vulgaris* Linn.

【来源地】漳州市平和县

【农民认知】黑籽。

【利用价值】可食用，可加工；常用于炒菜，也可以做成榨菜。

【主要特征特性】该菜豆蔓生，花色紫红，株高2.5m，主茎节数21，单株分枝数4，结荚习性为有限结荚。单株荚数22，荚色黄白，荚形弯圆棍形，荚长8.6cm、宽0.8cm，单荚粒数7，单株产量17.6g。粒色黑，粒形肾形，百粒重31.2g。

2018351315 四季豆

（92）2018355102 美容豆

【种质名称】美容豆

【作物类别】菜豆

【分类】豆科菜豆属

【学名】*Phaseolus vulgaris* Linn.

【来源地】宁德市屏南县

【农民认知】好吃。

【利用价值】可食用，具有补血功用，常煮食。

【主要特征特性】该菜豆蔓生，花色黄，株高2.9m，主茎节数27，单株分枝数6，结荚习性为无限结荚。单株荚数17，荚色绿，荚形短圆棍形，荚长16.2cm、宽0.8cm，单荚粒数10，单株产量22.7g。粒色红，粒形肾形，百粒重22.3g。

2018355102 美容豆

（93）2019357224 七寸豆

【种质名称】七寸豆

【作物类别】菜豆

【分类】豆科菜豆属

【学名】*Phaseolus vulgaris* Linn.

【来源地】宁德市周宁县

【农民认知】口感好。

【利用价值】可食用，常凉拌或干煸。

【主要特征特性】该菜豆蔓生，花色黄，株高2.2m，主茎节数21，单株分枝数

2019357224 七寸豆

2.8，结荚习性为无限结荚。单株荚数23，荚色绿，荚形短圆棍形，荚长15.8cm、宽0.7cm，单荚粒数8，单株产量16.5g。粒色红褐，粒形肾形，百粒重33g。

（94）2019357235 周宁纯池菜豆

【种质名称】周宁纯池菜豆

【作物类别】菜豆

【分类】豆科菜豆属

【学名】*Phaseolus vulgaris* Linn.

【来源地】宁德市周宁县

【农民认知】味道好。

【利用价值】可食用，常作配菜或腌制食用。

【主要特征特性】该菜豆蔓生，花色黄，株高2.4m，主茎节数23，单株分枝数2，结荚习性为有限结荚。单株荚数18，荚色浅褐，荚形短扁条形，荚长9.5cm、宽3.8cm，单荚粒数6，单株产量19.6g。粒色褐，粒形肾形，百粒重30.1g。

2019357235 周宁纯池菜豆

（95）2021351218 矮生四季豆

【种质名称】矮生四季豆

【作物类别】菜豆

【分类】豆科菜豆属

【学名】*Phaseolus vulgaris* Linn.

【来源地】漳州市龙海区

【农民认知】鲜嫩。

【利用价值】可供煮食、炒食、凉拌，还可以进行干制、速冻等加工，是一种鲜嫩可口、色、香、味俱佳、营养丰富的优质蔬菜。

【主要特征特性】该菜豆蔓生，花色紫，株高3m，主茎节数24，单株分枝数4.6，结荚习性为无限结荚。单株荚数30，荚色绿，荚形短圆棍形，荚长16.7cm、宽1.3cm，单荚粒数9，单株产量17.5g。粒色黑，粒形肾形，百粒重36.8g。

2021351218 矮生四季豆

（96）2021351516 夏阳四季豆1号

【种质名称】夏阳四季豆1号

【作物类别】菜豆

【分类】豆科菜豆属

【学名】*Phaseolus vulgaris* Linn.

【来源地】三明市明溪县

【农民认知】种子白色，产量高。

【利用价值】可食用，籽粒鲜食。

【主要特征特性】该菜豆蔓生，花色黄，株高2.1m，主茎节数30，单株分枝数2.1，结荚习性为无限结荚。单株荚数26，荚色绿，荚形短圆棍形，荚长17.6cm、宽0.6cm，单荚粒数9，单株产量22.2g。粒色白，粒形肾形，百粒重21.8g。

2021351516 夏阳四季豆1号

（97）2021352035 黑四季豆

【种质名称】黑四季豆

【作物类别】菜豆

【分类】豆科菜豆属

【学名】*Phaseolus vulgaris* Linn.

【来源地】漳州市漳浦县

【农民认知】优质、味道好。

【利用价值】有调和脏腑、安养精神、益气健脾、消暑化湿和利水消肿的功效，干种子食用或腌制做罐头。

【主要特征特性】该菜豆蔓生，花色黄，株高2.8m，主茎节数22，单株分枝数5.2，结荚习性为无限结荚。单株荚数30，荚色绿，荚形短圆棍形，荚长12.7cm、宽1.2cm，单荚粒数8，单株产量23.3g。粒色黑，粒形肾形，百粒重31.3g。

2021352035 黑四季豆

（98）2021352039 白四季豆

【种质名称】白四季豆

【作物类别】菜豆

【分类】豆科菜豆属

【学名】*Phaseolus vulgaris* Linn.

【来源地】漳州市漳浦县

【农民认知】优质、清甜。

【利用价值】可食用，鲜嫩荚可作蔬菜食用，也可脱水或制罐头。

【主要特征特性】该菜豆蔓生，花色黄，株高2.4m，主茎节数28，单株分枝数4.2，结荚习性为无限结荚。单株荚数25，荚色绿，荚形短圆棍形，荚长13.2cm、宽0.7cm，单荚粒数9，单株产量20.3g。粒色白，粒形肾形，百粒重32.1g。

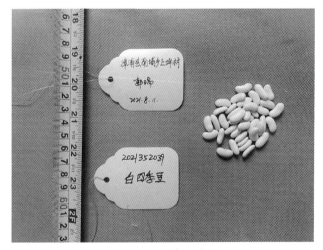

2021352039 白四季豆

（99）2021353006 桂阳四季豆

【种质名称】桂阳四季豆

【作物类别】菜豆

【分类】豆科菜豆属

【学名】*Phaseolus vulgaris* Linn.

【来源地】三明市建宁县

【农民认知】优质、广适。

【利用价值】可食用，具有清凉利尿、消肿的功效，常炒食或干煸。

【主要特征特性】该菜豆蔓生，花色紫，株高2.9m，主茎节数23，单株分枝数3.6，结荚习性为无限结荚。单株荚数29，荚色绿，荚形长筒形，荚长23.5cm、宽1cm，单荚粒数15，单株产量24.6g。粒色深黄，粒形肾形，百粒重25.7g。

2021353006 桂阳四季豆

（100）2021353047 上黎四季豆

【种质名称】上黎四季豆

【作物类别】菜豆

【分类】豆科菜豆属

【学名】*Phaseolus vulgaris* Linn.

【来源地】三明市建宁县

【农民认知】种皮光滑有光泽、颗粒饱满、优质。

【利用价值】可食用，能提高免疫力、缓解慢性疾病，常炒食或干煸。

【主要特征特性】该菜豆蔓生，花色黄，株高2.5m，主茎节数29，单株分枝数3.1，结荚习性为无限结荚。单株荚数25，荚色绿，荚形短圆棍形，荚长17.1cm、宽0.6cm，单荚粒数5，单株产量24.9g。粒色白，粒形肾形，百粒重22.8g。

2021353047 上黎四季豆

（101）2021353102 四季豆（白珍珠）

【种质名称】四季豆（白珍珠）

【作物类别】菜豆

【分类】豆科菜豆属

【学名】*Phaseolus vulgaris* Linn.

【来源地】三明市建宁县

【农民认知】抗性强，产量较好。

【利用价值】可食用，常用于做汤。

【主要特征特性】该菜豆蔓生，花色黄，

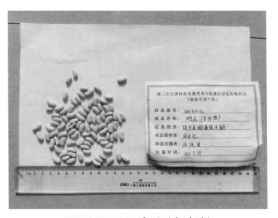

2021353102 四季豆（白珍珠）

株高2.1m，主茎节数21，单株分枝数5.5，结荚习性为无限结荚。单株荚数23，荚色绿，荚形短圆棍形，荚长12.9cm、宽1.1cm，单荚粒数8，单株产量19.6g。粒色白，粒形肾形，百粒重22.5g。

（102）2021353103 四季豆（红花白荚）

【种质名称】四季豆（红花白荚）

【作物类别】菜豆

【分类】豆科菜豆属

【学名】*Phaseolus vulgaris* Linn.

【来源地】三明市建宁县

【农民认知】抗性较强，口感好。

【利用价值】可食用，常用于做汤。

【主要特征特性】该菜豆蔓生，花色黄，株高2.7m，主茎节数26，单株分枝数4.4，结荚习性为无限结荚。单株荚数16，荚色绿，荚形短圆棍形，荚长15.5cm、宽0.8cm，单荚粒数8，单株产量25.3g。粒色褐，粒形肾形，百粒重25.2g。

2021353103 四季豆（红花白荚）

（103）2021353110 四季豆（白）

【种质名称】四季豆（白）

【作物类别】菜豆

【分类】豆科菜豆属

【学名】*Phaseolus vulgaris* Linn.

【来源地】三明市建宁县

【农民认知】抗性强，产量较多。

【利用价值】可食用，常用于做汤。

【主要特征特性】该菜豆蔓生，花色黄，株高2.6m，主茎节数21，单株分枝数2.1，结荚习性为无限结荚。单株荚数28，荚色绿，荚形短圆棍形，荚长17.3cm、宽1cm，单荚粒数5，单株产量15.9g。粒色白，粒形肾形，百粒重33.1g。

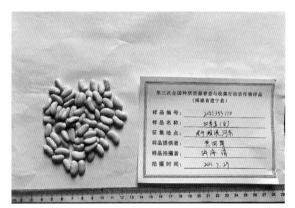

2021353110 四季豆（白）

（104）2021353253 四季豆（黑）

【种质名称】四季豆（黑）

【作物类别】菜豆

【分类】豆科菜豆属

【学名】*Phaseolus vulgaris* Linn.

【来源地】三明市宁化县

【农民认知】优质、广适。

【利用价值】可食用，是常见的食材。

【主要特征特性】该菜豆蔓生，花色紫，株高2.1m，主茎节数24，单株分枝数3.6，结荚习性为无限结荚。单株荚数24，荚色绿，荚形短圆棍形，荚长12.5cm、宽0.6cm，单荚粒数8，单株产量27g。粒色黑，粒形肾形，百粒重486g。

2021353253 四季豆（黑）

（105）2021355034 四季豆

【种质名称】四季豆

【作物类别】菜豆

【分类】豆科菜豆属

【学名】*Phaseolus vulgaris* Linn.

【来源地】三明市三元区

【农民认知】抗性好，易成活，口感好。

【利用价值】可食用，鲜食口感好。

【主要特征特性】该菜豆蔓生，花色紫，株高2.6m，主茎节数25，单株分枝数

2021355034 四季豆

3.9，结荚习性为无限结荚。单株荚数20，荚色黄，荚形短圆棍形，荚长14.5cm、宽1cm，单荚粒数7，单株产量26.4g。粒色黑、褐，粒形肾形，百粒重25.2g。

（106）2021355201 四季豆

【种质名称】四季豆

【作物类别】菜豆

【分类】豆科菜豆属

【学名】*Phaseolus vulgaris* Linn.

【来源地】宁德市屏南县

【农民认知】豆咖啡色，品质较高。

【利用价值】可食用，常作配菜。

【主要特征特性】该菜豆蔓生，花色黄，株高2.5m，主茎节数24，单株分枝数2.4，结荚习性为无限结荚。单株荚数20，

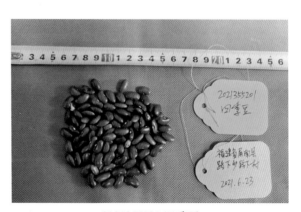

2021355201 四季豆

荚色绿，荚形短圆棍形，荚长14.6cm、宽0.7cm，单荚粒数9，单株产量22.1g。粒色褐，粒形肾形，百粒重29.6g。

（107）2021358004 白四季豆

【种质名称】白四季豆

【作物类别】菜豆

【分类】豆科菜豆属

【学名】*Phaseolus vulgaris* Linn.

【来源地】龙岩市漳平市

【农民认知】味道好。

【利用价值】可食用，嫩荚蔬食味道好。

【主要特征特性】该菜豆蔓生，花色黄，株高2.8m，主茎节数18，单株分枝数2，结荚习性为有限结荚。单株荚数29，荚色黄，荚形弯扁条形，

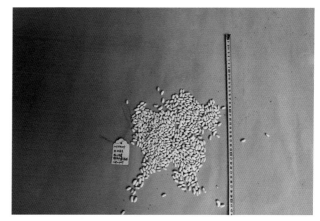

2021358004 白四季豆

荚长9.7cm、宽1cm，单荚粒数6，单株产量14.9g。粒色白，粒形椭圆形，百粒重26g。

（108）2021353225 多花菜豆

【种质名称】多花菜豆

【作物类别】多花菜豆

【分类】豆科菜豆属

【学名】*Phaseolus multiflorus* Willd

【来源地】三明市宁化县

【农民认知】口感好、广适。

【利用价值】可食用，嫩荚、种子鲜食。

【主要特征特性】该菜豆蔓生，花色黄，株高2m，主茎节数28，单株分枝数3.1，结荚习性为无限结荚。单株荚数20，荚色绿，荚形短圆棍形，荚

2021353225 多花菜豆

长12cm、宽0.7cm，单荚粒数8，单株产量26.8g。粒色白，粒形肾形，百粒重22.3g。

（109）2017354050 黄蜀葵

【种质名称】黄蜀葵

【作物类别】黄蜀葵

【分类】锦葵科秋葵属

【学名】*Abelmoschus manihot*（L.）Medicus

【来源地】福州市罗源县

【农民认知】口感好，抗病、抗虫。

【利用价值】可食用，口感好。

【主要特征特性】该作物株型直立，株高202cm，株幅113cm。叶色绿，叶形掌状五裂，叶长26cm、宽38cm，叶面平、无光泽，叶脉浅绿，叶柄绿、长34cm，花色黄，叶片尖端锐尖，叶缘形态为浅锯齿。分蘖性强，茎色绿，茎刺少毛。植株整齐度为整齐。

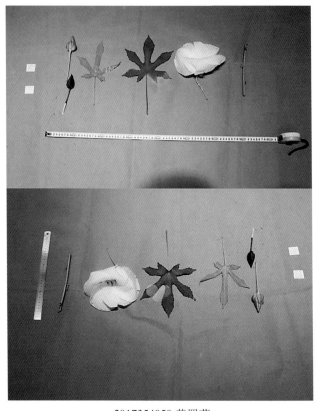

2017354050 黄蜀葵

（110）2018351107 车前草

【种质名称】车前草

【作物类别】车前

【分类】车前科车前属

【学名】*Plantago asiatica* L.

【来源地】漳州市南靖县

【农民认知】药食两用。

【利用价值】嫩叶经过水煮和清水浸泡后可食用；种子可以入药，味甘，性寒。有清热利尿、渗湿通淋、清肝明目的功效。

【主要特征特性】该作物株型展开，株高23cm，株幅25cm。叶色绿，叶形卵圆形，叶长11.5cm、宽6.4cm，叶面微皱、有光泽，叶脉紫，叶柄长3.2cm，花色白，叶片尖端钝圆，叶缘形态为全缘。分蘖性弱，茎色绿，无茎刺。植株整齐度为整齐。

2018351107 车前草

（111）2017351031 枸杞

【种质名称】枸杞

【作物类别】枸杞

【分类】茄科枸杞属

【学名】*Lycium chinense* Miller

【来源地】三明市明溪县

【农民认知】适应性强，耐干旱。

【利用价值】嫩叶可作蔬菜，作为药食两用品种，枸杞子可以加工成各种食品、饮料、保健品等；在煲汤或者煮粥的时候也经常加入枸杞；种子油可制润滑油或食用油，以及保健品等。

【主要特征特性】该作物株型直立，株高135cm。叶色深绿，叶形长圆，叶长5.7cm、宽2.7cm，叶面平、有光泽，叶脉浅绿，叶柄淡绿、长1cm，花色浅紫，叶表面无毛，叶片尖端尖，叶缘形态为全缘。分蘖性强，茎色绿，无茎刺。植株整齐度为中等。

2017351031 枸杞

（112）2018351057 假马齿苋

【种质名称】假马齿苋

【作物类别】假马齿苋

【分类】玄参科假马齿苋属

【学名】*Portulaca oleracea* L.

【来源地】漳州市龙海区

【农民认知】脆嫩。

【利用价值】药用，有消肿之效。

【主要特征特性】该作物株型匍匐型，株高11cm，株幅67cm。叶色深绿，叶形卵圆，叶长2.8cm、宽1.2cm，叶面平、有光泽，叶脉浅绿，叶柄浅绿、长0.2cm，花色白，叶表面无毛，叶片

2018351057 假马齿苋

尖端钝尖，叶缘形态为全缘。分蘖性强，茎色绿褐，无茎刺。植株整齐度为整齐。

（113）2017351090 翅果菊

【种质名称】翅果菊

【作物类别】苦荬菜

【分类】菊科苦荬菜属

【学名】*Ixeris polycephala* Cass.

【来源地】三明市明溪县

【农民认知】适应性强。

【利用价值】可食用，全草入药，具有清热解毒、去腐化脓、止血生肌等功效。

【主要特征特性】该作物株型直立，株高75cm，株幅41cm。叶色绿，叶形长条，叶长32cm、宽6.7cm，叶面平、有光泽，叶脉绿，叶柄绿、长0.2cm，花色黄，叶片尖端锐尖，叶缘形态为深锯齿。无分蘖，茎色绿，无茎刺。植株整齐度为整齐。

2017351090 翅果菊

（114）2018351290 罗勒

【种质名称】罗勒

【作物类别】罗勒

【分类】唇形科罗勒属

【学名】*Ocimum basilicum* L.

【来源地】龙岩市武平县

【农民认知】有强大、刺激、香的气味。

【利用价值】可食用、药用；入药能补脾胃亏损，治气虚衰弱、消化不良、遗精、遗尿等。

【主要特征特性】该作物株型直立，株高85cm，株幅81cm。叶色绿，叶形披针形，叶长5.1cm、宽2.6cm，叶面微皱、有光泽，叶脉浅绿，叶柄浅绿、长1.1cm，花色浅紫，叶片尖端锐尖，叶缘形态为全缘。分蘖性强，茎色绿，茎刺微柔毛。植株整齐度为中等。

2018351290 罗勒

（115）2017351025 马兰

【种质名称】马兰

【作物类别】马兰

2017351025 马兰

【分类】菊科马兰属

【学名】*Aster indicus* L.

【来源地】三明市明溪县

【农民认知】可入药。

【利用价值】可加工、药用；常用于造纸、编织，花和种子入药。

【主要特征特性】该作物株型直立，株高41cm，株幅17cm。叶色深绿，叶形披针形，叶长5.9cm、宽2.5cm，叶面平、无光泽，叶脉绿，叶柄绿、长0.2cm，花色白，叶表面无毛，叶片尖端钝尖，叶缘形态为浅裂。分蘖性中，茎色灰褐，无茎刺。植株整齐度为中等。

（116）2017351007 鱼腥草

【种质名称】鱼腥草

【作物类别】鱼腥草

【分类】三白草科蕺菜属

【学名】*Houttuynia cordata* Thunb.

【来源地】三明市明溪县

【农民认知】适应性好。

【利用价值】可食用，能清热解毒，消痈排脓，利尿通淋，水煎或捣汁服；外用适量，捣敷或煎汤熏洗患处。

【主要特征特性】该作物株型直立，株高57cm。叶色绿，叶形心形，叶长5.3cm、宽5.1cm，叶面微皱、无光泽，叶脉浅绿，叶柄淡红、长4.5cm，花色乳白，叶表面无毛，叶片尖端锐尖，叶缘形态为全缘。分蘖性强，茎色浅红，无茎刺。植株整齐度为整齐。

2017351007 鱼腥草

第三章
农作物种质资源——果树

第一节　核果类果树

（1）2021357601 郑厝1号

【种质名称】郑厝1号

【作物类别】龙眼

【分类】无患子科龙眼属

【学名】*Dimocarpus longan* Lour.

【来源地】宁德市蕉城区

【农民认知】果肉多。

【利用价值】可食用、药用、加工。果品可食亦可入药，有益脾、健脑的作用；种子含淀粉，经适当处理后，可酿酒；木材是造船、家具、细工等的优良材。

2021357601 郑厝1号

【主要特征特性】该果树果实心脏形，整齐度好。单果重12.7g，纵径25.86mm、横径28.88mm、侧径25.59mm，可溶性固形物含量23.2%，种子重2.2g，皮厚0.83mm，果皮重2.3g，可食率64.2%。果实双肩微耸起，果基为凹，果皮黄袍色带青，果肉黄白色、透明、不流汁、汁多，果肉离核较易、肉质韧脆、较化渣、风味甜。小叶3～4对，以4对为主，对生，小叶长椭圆形、稍重叠，叶尖渐尖，叶基狭楔形，小叶长约14cm、宽约3cm。

（2）2021357610 竹岐头1号

【种质名称】竹岐头1号

【作物类别】龙眼

【分类】无患子科龙眼属

【学名】*Dimocarpus longan* Lour.

【来源地】宁德市蕉城区

【农民认知】300多年古树，果实成熟期农历九月，果甜水分多，丰产、稳产，最高产量达500多kg。

【利用价值】可食用、药用、加工。果品可食亦可入药，有益脾、健脑的作用；种子含淀粉，经适当处理后，可酿酒；木材是造船、家具、细工等的优良材。

2021357610 竹岐头1号

【主要特征特性】该果树果实近圆形。单果重5.9g，果实纵径20.85mm、横径20.51mm、侧径19.08mm。糖度高，种子重1.3g，果皮厚0.76mm，可食率52.8%，果皮黄褐色、较粗糙、脆，种子椭圆形，果肉乳白色、透明、不流汁，果肉离核较易、肉质韧脆、较化渣、风味甜。

第二节　仁果类果树

（3）2018353121 毛楂梨

【种质名称】毛楂梨

【作物类别】梨

【分类】蔷薇科梨属

【学名】*Pyrus betuleafolia* Bge.

【来源地】三明市建宁县

【农民认知】贮藏性强。

【利用价值】可食用、药用。

【主要特征特性】该果树果实形

2018353121 毛楂梨

状圆形，果实底色褐，果点颜色灰褐，果肉颜色白。果肉粗，果肉致密型、汁液少、风味酸、无香气，果实成熟期为9月下旬，单果重51.83g，可溶性固形物含量0.10%。

（4）2018353123 线吊梨

【种质名称】线吊梨

【作物类别】梨

【分类】蔷薇科梨属

【学名】*Pyrus betuleafolia* Bge.

【来源地】三明市建宁县

【农民认知】贮藏性强。

【利用价值】可食用、药用。

【主要特征特性】该果树果实形状

2018353123 线吊梨

圆形，果实底色黄褐，果点颜色褐，果肉颜色白。果肉粗，果肉致密型、汁液少、风味酸、无香气。果实成熟期为10月上旬，单果重76.17g，可溶性固形物含量0.10%。

（5）2018353124 石家梨

【种质名称】石家梨

【作物类别】梨

【分类】蔷薇科梨属

【学名】*Pyrus betuleafolia* Bge.

【来源地】三明市建宁县

【农民认知】贮藏性强。

2018353124 石家梨

【利用价值】可食用、药用。

【主要特征特性】该果树果实形状圆形，果实底色黄褐，果点颜色深褐，果肉颜色白。果肉粗，果肉致密型、汁液少、风味酸、无香气。果实成熟期为10月上旬，单果重85.17g，可溶性固形物含量0.11%。

（6）2020351101 白葫芦梨

【种质名称】白葫芦梨

【作物类别】梨

【分类】蔷薇科梨属

【学名】*Pyrus betuleafolia* Bge.

【来源地】三明市明溪县

【农民认知】可食用，果肉白。

【利用价值】可食用、药用。

【主要特征特性】该果树果实形状粗颈葫芦形，果实底色黄绿，果点颜色浅褐，果肉颜色白。果肉细，果肉脆型、汁液多、风味淡甜、无香气。果实成熟期为9月中下旬，单果重223.30g，可溶性固形物含量0.11%。

2020351101 白葫芦梨

（7）2020351104 雪峰青皮梨

【种质名称】雪峰青皮梨

【作物类别】梨

【分类】蔷薇科梨属

【学名】*Pyrus betuleafolia* Bge.

【来源地】三明市明溪县

【农民认知】果个大。

【利用价值】可食用、药用。

【主要特征特性】该果树果实形

2020351104 雪峰青皮梨

状倒卵圆形，果实底色黄绿，果点颜色浅褐，果肉颜色白。果肉细，果肉沙面型、汁液多、风味甜、无香气、无涩味。果实成熟期为8月中旬，单果重480.33g，可溶性固形物含量0.12%。

（8）2020351201 南靖赤皮梨

【种质名称】南靖赤皮梨

【作物类别】梨

【分类】蔷薇科梨属

【学名】*Pyrus betuleafolia* Bge.

【来源地】漳州市南靖县

【农民认知】贮藏性强。

【利用价值】可食用、药用。

【主要特征特性】该果树果实形状
扁圆形，果实底色绿，果点颜色灰白，
果肉颜色乳白。果肉中粗，果肉脆型、

2020351201 南靖赤皮梨

汁液多、风味酸甜、无香气。果实成熟期为9月中旬，单果重491.83g，可溶性固形物含量
0.104 3%。

（9）2020351401 岭口葫芦梨

【种质名称】岭口葫芦梨

【作物类别】梨

【分类】蔷薇科梨属

【学名】*Pyrus betuleafolia* Bge.

【来源地】漳州市龙海区

【农民认知】高产、优质、抗病。

【利用价值】可食用、药用。

【主要特征特性】该果树果实形状
卵圆形，果实底色绿黄，果点颜色褐，
果肉颜色白。果肉粗，果肉致密型、

2020351401 岭口葫芦梨

汁液中、风味淡甜、无香气、无涩味，单果重348.00g，可溶性固形物含量0.11%。

（10）2020355101 屏南晚熟梨

【种质名称】屏南晚熟梨

【作物类别】梨

【分类】蔷薇科梨属

【学名】*Pyrus pyrifolia*（Burm.f.）
Nakai

【来源地】宁德市屏南县

【农民认知】贮藏性强。

【利用价值】可食用、药用。

【主要特征特性】该果树果实形状
近圆形，果实底色黄褐，果点颜色深

2020355101 屏南晚熟梨

褐，果肉颜色乳白。果肉极粗，果肉致密型、汁液中多、风味酸、无香气、有涩味。果实成熟期为9月下旬，单果重529.50g，可溶性固形物含量0.09%。

（11）2020355110 屏南六月雪

【种质名称】屏南六月雪
【作物类别】梨
【分类】蔷薇科梨属
【学名】*Pyrus pyrifolia*（Burm.f.）Nakai
【来源地】宁德市屏南县
【农民认知】抗性强。
【利用价值】可食用、药用。
【主要特征特性】该果树果实形状扁圆形，果实底色黄绿，果点颜色黄褐，果肉颜色白。果肉中，果肉脆型、汁液多、风味酸甜、无香气、无涩味。单果重250.00g，可溶性固形物含量0.11%。

2020355110 屏南六月雪

（12）2020355115 贵溪梨

【种质名称】贵溪梨
【作物类别】梨
【分类】蔷薇科梨属
【学名】*Pyrus pyrifolia*（Burm.f.）Nakai
【来源地】宁德市屏南县
【农民认知】贮藏性强。
【利用价值】可食用、药用。
【主要特征特性】该果树果实形状圆形或卵圆形，果实底色黄褐，果点

2020355115 贵溪梨

颜色灰褐，果肉颜色白。果肉粗，果肉酥脆型、汁液多、风味淡甜、无香气、有涩味。果实成熟期为9月下旬，单果重404.30g，可溶性固形物含量0.11%。

第三节　浆果类果树

（13）2018351081 柳橙（印子橙）

【种质名称】柳橙（印子橙）

【作物类别】柑橘

【分类】芸香科柑橘属

【学名】*Cirtus sinensis* Osbeck

【来源地】漳州市龙海区

【农民认知】甜度高。

【利用价值】可食用、药用，能生津止渴、醒酒利尿。

【主要特征特性】乔木，枝少刺或近于无刺。叶通常比柚叶略小，翼叶狭长，明显或仅具痕迹，叶片卵形或卵状椭圆形，披针形很少；花白色，很少背面带淡紫红色。柑果近球形，橙黄色，果皮厚，种子楔状卵形，表面平滑。

2018351081 柳橙（印子橙）

（14）2018351082 八卦芦柑

【种质名称】八卦芦柑

【作物类别】柑橘

【分类】芸香科柑橘属

【学名】*Citrus reticulata* Ponkan

【来源地】漳州市龙海区

【农民认知】甜度高。

【利用价值】可食用、药用，能生津止渴、醒酒利尿。

【主要特征特性】果实硕大，色泽鲜艳，皮松易剥，肉质脆嫩，汁多化渣；味道芳香甘美，食后有香甜浓蜜之感，风味独特。果实高扁圆形，果皮橙黄、中等厚。

2018351082 八卦芦柑

（15）2018351198 改良橙

【种质名称】改良橙

【作物类别】柑橘

【分类】芸香科柑橘属

【学名】*Citrus sinensis* (L.) Osbeck

【来源地】漳州市南靖县

【农民认知】汁味甜而香。

【利用价值】可食用、药用，能生津止渴、醒酒利尿。

【主要特征特性】树冠半圆形，主干暗褐色，嫁接嵌合体，树冠上常分布多种类型的枝梢及花与果，叶片披针形浓绿，叶缘波浪形，叶翼线形。果实圆球形或短椭圆形，较整齐；果面橙色或橙黄色，平滑，有光泽，果肉大多呈橙红色（汁胞纺锤形）或橙黄色（汁胞披针形或披针形）。

2018351198 改良橙

（16）2018351322 琯溪蜜柚（白肉）

【种质名称】琯溪蜜柚（白肉）

【作物类别】柑橘

【分类】芸香科柑橘属

【学名】*Citrus maxima* (Burm.) Merr.

【来源地】漳州市平和县

【农民认知】最原始品种。

【利用价值】可食用、药用，可助消化、除痰止咳、醒酒利尿。

【主要特征特性】最原始品种，抗病性好，抗虫性好。果皮色橙黄鲜艳，芳香浓郁，果大皮薄，瓣肉无籽、色洁白如玉、多汁柔软。

2018351322 琯溪蜜柚（白肉）

（17）2018351323 琯溪蜜柚（红肉）

【种质名称】琯溪蜜柚（红肉）

【作物类别】柑橘

【分类】芸香科柑橘属

【学名】*Citrus maxima* (Burm.) Merr.

【来源地】漳州市平和县

【农民认知】红肉。

【利用价值】可食用、药用，可助消化、除痰止咳、醒酒利尿。

【主要特征特性】幼树较直立，成年树半开

张，树冠半圆头形。新梢绿色，三角状，节间带刺，1～2年生枝灰绿色，圆形。单身复叶，长椭圆形、叶尖钝尖、叶基楔形、叶缘全缘，叶面浓绿、光滑，叶背绿色，叶翼大，心脏形。果形倒卵圆形，皮色黄绿；果肩圆尖，果面因油胞较突，手感较粗；皮薄，果心中空，囊瓣数13～17瓣，有裂瓣现象，裂瓣率54%，囊皮粉红色；汁胞红色。

2018351323 琯溪蜜柚（红肉）

（18）2018351325 琯溪蜜柚（三红）

【种质名称】琯溪蜜柚（三红）

【作物类别】柑橘

【分类】芸香科柑橘属

【学名】*Citrus maxima*（Burm.）Merr.

【来源地】漳州市平和县

【农民认知】芳香浓郁、果大皮薄。

【利用价值】可食用、药用，可助消化、除痰止咳、醒酒利尿。

【主要特征特性】树势强健，树冠半圆形，枝条开张，叶厚色浓，适应性强，结果早，丰产。果大，倒卵形，果顶圆、凹入，囊瓣大，表面黄色、光滑，果皮薄（0.9cm），海绵层白色微呈粉红色，无核或少核。

2018351325 琯溪蜜柚（三红）

（19）2018351326 琯溪蜜柚（黄金柚）

【种质名称】琯溪蜜柚（黄金柚）

【作物类别】柑橘

【分类】芸香科柑橘属

【学名】*Citrus maxima*（Burm.）Merr.

【来源地】漳州市平和县

【农民认知】品质较好。

【利用价值】可食用、药用，可助消化、除痰止咳、醒酒利尿。

【主要特征特性】生长势旺盛，生长快，种植2年后即可挂果。单果重1 000～3 000g，皮薄光滑，易于剥离，无籽。果肉金黄色、

多汁柔软、入口即化、不留残渣、清香、清甜、微酸、无苦涩味。

（20）2018351328 红绵万寿柚

【种质名称】红绵万寿柚

【作物类别】柑橘

【分类】芸香科柑橘属

【学名】*Citrus maxima*（Burm.）Merr.

【来源地】漳州市平和县

【农民认知】早熟、风味优。

【利用价值】可食用、药用，可助消化、除痰止咳、醒酒利尿。

【主要特征特性】树势中等，幼树直立，成年树半开张，树冠半圆头形，顶端优势明显。果实梨形或倒卵圆形，单果重1 200 ～ 2 450g；果皮淡绿黄色、皮薄，海绵层和囊衣均为淡紫红色；经专用果袋套果，外果皮可显淡紫红色；果肉象牙白色或淡橙黄色，质地较柔软，少粒化，果汁较丰富。

（21）2021352101 闽侯野生蕉1

【种质名称】闽侯野生蕉1

【作物类别】阿宽蕉

【分类】芭蕉科芭蕉属

【学名】*Musa nana* Lour.

【来源地】福州市闽侯县

【农民认知】耐寒、抗逆性强、抗病、抗虫。

【利用价值】可食用，耐寒、抗逆性强，可作为香蕉遗传育种材料。

【主要特征特性】该果树假茎高度6m以上，假茎中部周长约60cm，茎形瘦细，假茎颜色黄绿，常有枯叶，假茎有褐色斑。叶形长卵形，叶柄沟槽形状为叶柄边缘直立、基部紧裹，叶柄长度0.5 ～ 0.6m，叶片长度2.4 ～ 3.1m、宽度70 ～ 90cm，叶形长大，叶片基部形状多为耳形、少为圆形，叶片基部对称。苞肩宽与长比

2018351326 琯溪蜜柚（黄金柚）

2018351328 红绵万寿柚

值0.25，苞尖锐尖，苞片披针形，苞片外色黄、红和紫，苞片内褪色情况为内部由上至下渐褪至黄色，苞痕明显，苞片披白粉。合生花瓣底色乳白，游离花瓣外观有些皱纹，柱头颜色黄，花蕾下垂。果穗多为悬挂，少数水平果穗梳数为4～7段果梳，最大梳果指数14个，果形细长，棱角明显，果顶细长，果指长度14cm，直径2.6cm，果柄长2cm，生果皮色绿，果指横切面3心室/果，2～3排种子/心室。株

2021352101 闽侯野生蕉1

产15～20kg，熟果皮色绿，少数黄和紫红，熟果肉色紫红，果肉质地生、涩、粗，叶片颜色多为绿，果实有3个心室，每个心室有2或3排种子，种子扁形。基部花为双列，雌花，合生花被片先端5（3+2）齿裂，游离花瓣为复合花瓣长的2/3以下。雄花苞片螺旋状排列，脱落，暗淡，最后一片苞片脱落前反卷。

（22）2021352108 闽侯野生蕉8

【种质名称】闽侯野生蕉8

【作物类别】阿宽蕉

【分类】芭蕉科、芭蕉属

【学名】*Musa nana* Lour.

【来源地】福州市闽侯县

【农民认知】耐寒、抗逆性强、抗病、抗虫。

【利用价值】可食用、耐寒、抗逆性强，可作为香蕉遗传育种材料。

【主要特征特性】该果树假茎高

2021352108 闽侯野生蕉8

度5m，假茎中部周长约50cm，茎形瘦细，假茎颜色浅黄绿、带有褐色斑。叶形长卵形，叶柄沟槽形状为槽缘直立，叶柄长度0.5～0.6m，叶片长度2.5～3m，宽度75～90cm，叶形长大，叶片基部形状为圆形，叶片基部对称。苞肩宽与长比值0.26～0.27，苞尖锐尖，苞片披针形，苞片外色黄、内褪色情况为内部由上至下渐褪至黄色，苞痕明显，苞片披白粉。合生花瓣底色乳白，游离花瓣外观有些皱纹，柱头颜色黄，花轴位置垂显挂。果穗悬挂果穗梳数为4～7段果梳，最大梳果指数15个，果形细长、棱角明显，果顶细长，果指长度13cm，直径2.7cm，果柄长1.9cm，生果皮色绿，果指横切面3心室/果，2～3排种子/心室。株产15～20kg，熟果皮色绿，熟果肉色紫红，果肉质地生、涩、粗，叶片颜色绿色。果实成熟时叶片仍为绿色。

（23）2021354303 武夷吴屯乡1号

【种质名称】武夷吴屯乡1号

【作物类别】阿宽蕉

【分类】芭蕉科芭蕉属

【学名】*Musa nana* Lour.

【来源地】南平市武夷山市

【农民认知】较抗寒。

【利用价值】可食用，生长在高海拔地区、耐寒，可作为香蕉遗传育种材料。

2021354303 武夷吴屯乡1号

【主要特征特性】该果树假茎高度5～6m，假茎中部周长约52cm，茎形瘦细，假茎颜色黄绿、有褐色斑。叶形长卵形，叶柄沟槽形状为叶柄边缘直立、基部紧裹，叶柄长度0.5～0.6m，叶片长度2.5～3m、宽度75～90cm，叶形长大，叶片基部形状为圆形、对称叶长大。苞肩宽与长比值0.25～0.27，苞尖锐尖，苞片外色红、内褪色黄，苞痕明显，苞片披白粉。合生花瓣底色乳黄，游离花瓣外观有些皱纹，柱头颜色黄，花轴位置垂显挂。果穗多为悬挂，少数水平果穗梳数为5～8段果梳，最大梳果指数15个，果形细长、棱角明显，果指长度14cm，直径2.6cm，果柄长2cm，生果皮色绿，果指横切面近圆形。株产15～20kg，熟果皮色绿，少数黄和紫红，果肉质地生、涩、粗，叶片颜色绿。

（24）2021354307 武夷山毛岭碓2号

【种质名称】武夷山毛岭碓2号

【作物类别】阿宽蕉

【分类】芭蕉科芭蕉属

【学名】*Musa nana* Lour.

【来源地】南平市武夷山市

【农民认知】较抗寒。

【利用价值】可食用，生长在高海拔地区、耐寒，可作为香蕉遗传育种材料。

2021354307 武夷山毛岭碓2号

【主要特征特性】该果树假茎高度4.5～6m，假茎中部周长约52cm，茎形瘦细，假茎颜色浅绿、带有褐色斑。叶形长卵形，叶柄沟槽形状为叶柄边缘直立、基部紧裹，叶柄长度0.5～0.6m，叶片长度2.5～3m、宽度75～90cm，叶形长大，叶片基部形状为圆形、对称叶长大。苞肩宽与长比值0.25～0.27，苞尖锐尖，苞片外色红、内褪色黄，苞痕明显，苞片披白粉，合生花瓣底色乳白，游离花瓣外观有些皱纹，柱头颜色黄，花轴位置垂显挂。果穗多为悬挂，少数水平果穗梳数为5～8段果梳，最大梳果指数13个，果形细长、棱角明显，果指长度14cm，直径2.9cm，果柄长2.1cm，生果皮色绿。株产15～20kg，熟果皮色黄，熟果肉色紫红，果肉质地生、涩、粗，叶片颜色绿。

（25）2021354308 武夷山毛岭碓3号

【种质名称】武夷山毛岭碓3号

【作物类别】阿宽蕉

【分类】芭蕉科芭蕉属

【学名】*Musa nana* Lour.

【来源地】南平市武夷山市

【农民认知】较抗寒。

【利用价值】较抗寒。

【主要特征特性】该果树假茎高度5～6m，假茎中部周长约49cm，茎形瘦细，假茎颜色浅黄绿、带有褐色斑。叶形长卵形，叶柄沟槽形状为叶柄边缘直立、基部紧裹，叶柄长度0.5～0.6m，叶片长度2.6～3.2m，宽度73～90cm，叶形长大，叶片基部形状为圆形、对称叶长大。苞肩宽与长比值0.25～0.27，苞尖锐尖，苞片外色红、内褪色黄，苞痕明显，苞片披白粉，合生花瓣底色黄白，游离花瓣外观有些皱纹，柱头颜色黄，花轴位置垂显挂。果穗多为悬挂，少数水平果穗梳数为4～7段果梳，最大梳果指数15

2021354308 武夷山毛岭碓3号

个，果形细长、棱角明显，果指长度12cm，直径2.6cm，果柄长1.6cm，生果皮色绿。株产15～20kg，熟果皮色绿，熟果肉色紫红，果肉质地生、涩、粗，叶片颜色绿。

（26）2021354309 武夷山毛岭碓4号

【种质名称】武夷山毛岭碓4号

【作物类别】阿宽蕉

【分类】芭蕉科芭蕉属

【学名】*Musa nana* Lour.

【来源地】南平市武夷山市

【农民认知】较抗寒。

【利用价值】较抗寒。

【主要特征特性】该果树假茎高度5.5～6.5m，假茎中部周长约50cm，茎形瘦细，假茎颜色浅绿、带有褐色斑。叶形长卵形，叶柄沟槽形状为叶柄边缘直立、基部紧裹，叶柄长度0.5～0.6m，叶片长度2.5～3m、宽度75～90cm，叶形长大，叶片基部形状为圆形、对称叶长大。苞肩宽与长比值0.26～0.27，苞尖锐尖，苞片外色红、内褪色黄，苞痕明显，苞片披白粉，合生花瓣底色黄白，游离花瓣外观有些皱纹，柱头颜色黄，花轴位置垂显挂。果穗多为悬挂，少数水平果穗梳数为4～8段果梳，最大梳果指数15个，果形细长、棱角明显，果指长度14cm，直径2.9cm，果柄长2cm，生果皮色绿、偶暗紫。株产15～20kg，熟果皮色黄，熟果肉色紫红，果肉质地生、涩、粗，叶片颜色绿。

2021354309 武夷山毛岭碓4号

（27）2021354312 武夷山毛岭碓7号

【种质名称】武夷山毛岭碓7号

【作物类别】阿宽蕉

【分类】芭蕉科芭蕉属

【学名】*Musa nana* Lour.

【来源地】南平市武夷山市

【农民认知】较抗寒。

【利用价值】较抗寒。

【主要特征特性】该果树假茎高度5m，假茎中部周长约52cm，茎形瘦细，假茎颜色浅绿、有褐色斑。叶形长卵形，叶柄沟槽形状为叶柄边缘直立、基部紧裹，叶柄长度0.5～0.6m，叶片长度2.4～3m、宽度75～90cm，

2021354312 武夷山毛岭碓7号

叶形长大，叶片基部形状为圆形、对称叶长大。苞肩宽与长比值0.25～0.27，苞尖锐尖，苞片外色红、内褪色黄，苞痕明显，苞片披白粉，合生花瓣底色乳白，游离花瓣外观有些皱纹，柱头颜色黄，花轴位置垂显挂。果穗多为悬挂，少数水平果穗梳数为4～8段果梳，最大梳果指数15个，果形细长、棱角明显，果指长度13cm，直径3.0cm，果柄长1.9cm，生果皮色绿。株产15～20kg，熟果皮色黄，熟果肉色紫红，果肉质地生、涩、粗，叶片颜色绿。

（28）2021356507 尤溪九阜山野生蕉1-1

【种质名称】尤溪九阜山野生蕉1-1

【作物类别】阿宽蕉

【分类】芭蕉科芭蕉属

【学名】*Musa itinerans* Cheesm.

【来源地】三明市尤溪县

【农民认知】抗性强。

【利用价值】抗性强。

【主要特征特性】该果树假茎高度
2～6m，假茎中部周长约50cm，茎形
瘦细，假茎颜色红、带有褐色斑。叶
形长卵形，叶柄沟槽形状为叶柄边缘

2021356507 尤溪九阜山野生蕉1-1

直立、基部紧裹，叶柄长度0.5～0.6m，叶片长度2.3～3m、宽度70～85cm，叶形
长大，叶片基部形状为圆形、对称叶长大。苞肩宽与长比值0.5，苞尖钝尖，苞片宽卵
形，苞片外色黄、偶暗红，苞片内褪色黄，苞痕明显，苞片披白粉，合生花瓣底色乳
黄，游离花瓣外观有些皱纹，柱头颜色黄，花轴位置垂显挂。果穗多为悬挂，少数水
平果穗梳数为5～10段果梳，最大梳果指数15个，果形短小、棱角明显，果梗短，果
指长度8～13cm，直径3.5～4.6cm，果柄长2cm，生果皮色绿，果指横切面3心室/
果，2～3排种子/心室。株产15～20kg，熟果皮色黄，熟果肉色紫红，果肉质地生、
涩、粗，叶片颜色绿，叶脉明显，果实成熟后叶片枯萎，果实大量结籽，每个果实平
均种子数有202个。种子黑色，呈不规则状，质地非常坚硬，表面粗糙。

（29）2021356522 尤溪九阜山野生蕉4-2

【种质名称】尤溪九阜山野生蕉4-2

【作物类别】阿宽蕉

【分类】芭蕉科芭蕉属

【学名】*Musa itinerans* Cheesm.

【来源地】三明市尤溪县

【农民认知】抗寒能力强、适应性强。

【利用价值】抗寒能力强、适应性强。

【主要特征特性】该果树假茎高度
3～4.5m，假茎中部周长约51cm，茎
形瘦细，假茎颜色红、有褐色斑。叶形
长卵形，叶柄沟槽形状为叶柄边缘直
立、基部紧裹，叶柄长度0.5～0.6m，

叶片长度2.4～3m、宽度75～90cm，叶形长大，叶片基部形状为耳形、对称叶长大。苞肩宽与长比值0.5～0.6，苞尖钝尖，苞片外色黄、内褪色黄，苞痕明显，苞片披白粉，合生花瓣底色乳黄，游离花瓣外观有些皱纹，柱头颜色黄，花轴位置垂显挂。果穗多为悬挂，少数水平果穗梳数为5～9梳果梳，最大梳果指数15个，果形短小、棱角明显，果梗短，果指长度8～12cm，直径3.5～4.5cm，果柄长1.6cm，生果皮色绿。株产15～20kg，熟

2021356522 尤溪九阜山野生蕉4-2

果皮色黄，熟果肉色紫红，果肉质地生、涩、粗，叶片颜色绿。

（30）2021356533 尤溪九阜山野生蕉6-3

【种质名称】尤溪九阜山野生蕉6-3

【作物类别】阿宽蕉

【分类】芭蕉科芭蕉属

【学名】*Musa itinerans* Cheesm.

【来源地】三明市尤溪县

【农民认知】适应性强。

【利用价值】适应性强。

【主要特征特性】该果树假茎高度2～6m，假茎中部周长约51cm，茎形瘦细，假茎颜色红、有褐色斑。叶形长卵形，叶柄沟槽形状为叶柄边缘直立、基部紧裹，叶柄长度0.5～0.6m，叶片长度2.4～3.1m、宽度70～90cm，叶形长大，叶片基部形状为圆形、对称叶长大。苞肩宽与长比值0.5，苞尖钝尖，苞片外色黄、内褪色黄，苞痕明显，苞片披白粉，合生花瓣底色黄白，游离花瓣外观有些皱纹，柱头颜色黄，花轴位置垂显挂。果穗多为悬挂，少数水平果穗梳数为5～9梳果梳，最大梳果指数15个，果形短小、棱角明显，果梗短，果指长度8～13cm，直径3.5～4.6cm，果柄长1.6cm，生果皮色绿。株产15～20kg，熟果皮色黄，熟果肉色紫红，果肉质地生、涩、粗，叶片颜色绿。

2021356533 尤溪九阜山野生蕉6-3

（31）2021356537 尤溪九阜山野生蕉7-1

【种质名称】尤溪九阜山野生蕉7-1

【作物类别】阿宽蕉

【分类】芭蕉科芭蕉属

【学名】*Musa itinerans* Cheesm.

【来源地】三明市尤溪县

【农民认知】适应性强、抗寒性较强。

【利用价值】适应性强、抗寒性较强。

2021356537 尤溪九阜山野生蕉7-1

【主要特征特性】该果树假茎高度5.5m，假茎中部周长约55cm，茎形瘦细，假茎颜色红、带有褐色斑。叶形长卵形，叶柄沟槽形状为叶柄边缘直立、基部紧裹，叶柄长度0.5～0.6m，叶片长度2.5～3m、宽度75～90cm，叶形长大，叶片基部形状为圆形、对称叶长大。苞肩宽与长比值0.5，苞尖钝尖，苞片外色黄、内褪色黄，苞痕明显，苞片披白粉，合生花瓣底色黄白，游离花瓣外观有些皱纹，柱头颜色黄，花轴位置垂显挂。果穗多为悬挂，少数水平果穗梳数为5～10段果梳，最大梳果指数15个，果形短小、棱角明显，果梗短，果指长度8～13cm，直径3.5～4.6cm，果柄长1.9cm，生果皮色绿。株产15～20kg，熟果皮色绿，熟果肉色紫红，果肉质地生、涩、粗，叶片颜色绿。

（32）2021356544 三明中心村野生蕉2-1

【种质名称】三明中心村野生蕉2-1

【作物类别】阿宽蕉

【分类】芭蕉科芭蕉属

【学名】*Musa nana* Lour.

【来源地】三明市尤溪县

【农民认知】较抗寒。

【利用价值】较抗寒。

【主要特征特性】该果树假茎高度5.5m，假茎中部周长约51.5cm，茎形瘦细，假茎颜色红、有褐色斑。叶形长卵形，叶柄沟槽形状为叶柄边缘直立、基部紧裹，叶柄长度0.5～0.6m，

叶片长度2.5～3m、宽度75～90cm，叶形长大，叶片基部形状为圆形、对称叶长大。苞肩宽与长比值0.5～0.6，苞尖钝尖，苞片外色黄、内褪色黄，苞痕明显，苞片披白粉，合生花瓣底色黄白，游离花瓣外观有些皱纹，柱头颜色黄，花轴位置垂显挂。果穗多为悬挂，少数水平果穗梳数为6～10段果梳，最大梳果指数13个，果形短小、棱角明显，果梗短，果指长度8～12cm，直径3.5～4.5cm，果柄长1.6cm，生果皮色绿。株产15～20kg，熟果皮色黄，熟果肉色紫红，果肉质地生、涩、粗，叶片颜色绿。

2021356544 三明中心村野生蕉2-1

（33）2021356545 三明中心村野生蕉2-2

【种质名称】 三明中心村野生蕉2-2

【作物类别】 阿宽蕉

【分类】 芭蕉科芭蕉属

【学名】 *Musa nana* Lour.

【来源地】 三明市尤溪县

【农民认知】 较抗寒。

【利用价值】 较抗寒。

【主要特征特性】 该果树假茎高度3～5m，假茎中部周长约55cm，茎形瘦细，假茎颜色红、有褐色斑。叶形长卵形，叶柄沟槽形状为叶柄边缘直立、基部紧裹，叶柄长度0.5～0.6m，叶片长度2.6～3.2m、宽度73～90cm，叶形长大，叶片基部形状为圆形、对称叶长大。苞肩

2021356545 三明中心村野生蕉2-2

宽与长比值0.5，苞尖钝尖，苞片外色黄、内褪色黄，苞痕明显，苞片披白粉，合生花瓣底色乳白，游离花瓣外观有些皱纹，柱头颜色黄，花轴位置垂显挂。果穗多为悬挂，少数水平果穗梳数为5～9梳果梳，最大梳果指数15个，果形短小、棱角明显，果梗短，果指长度8～13cm，直径3.5～4.6cm，果柄长2cm，生果皮色绿。株产15～20kg，熟果皮色黄，熟果肉色紫红，果肉质地生、涩、粗，叶片颜色绿。

（34）2018351226 武平芭蕉

【种质名称】 武平芭蕉

【作物类别】芭蕉

【分类】芭蕉科芭蕉属

【学名】*Musa basjoo* Sieb. et Zucc.

【来源地】龙岩市武平县

【农民认知】优质。

【利用价值】可食用。果肉、花、叶、根中均含有丰富的糖类、氨基酸、纤维素、多种矿物质、硒等微量元素及多种化合物成分，药食兼用，营养丰富。

2018351226 武平芭蕉

【主要特征特性】该果树假茎高度225cm，假茎基部周长约46cm、中部周长约40cm，茎形比5.63，假茎颜色锈褐。叶姿开张，叶片长度195cm、宽度56cm、叶形比3.48。果穗结构紧凑最大梳果指数20个，第三梳果指数20个，果形直，株产39.3kg。

（35）2021352111 青口土蕉

【种质名称】青口土蕉

【作物类别】大蕉

【分类】芭蕉科芭蕉属

【学名】*Musa × paradisiaca*

【来源地】福州市闽侯县

【农民认知】抗寒、较抗病、较抗虫、味酸、可食。

【利用价值】可食用，也可作为观赏植物。

2021352111 青口土蕉

【主要特征特性】该果树假茎高度6.5m，假茎中部周长约52cm，茎形厚而粗重，假茎颜色深绿、无黑褐色斑点。叶形直立长圆形，叶片宽厚，叶柄长度32cm，叶片长度1.7～2.8m、宽度45～57cm，叶形稍长大，叶片基部形状为近心形，叶片基部近对称。苞尖尖，苞片卵状披针形、长15～30cm及以上，苞片外色紫红、内色深红、内褪色黄，苞痕明显，苞片披白粉，合生花瓣底色黄白，游离花瓣外观透明蜡质、具光泽、长圆形或近圆形，先端具小突尖、锥尖或卷曲成一囊，柱头颜色黄，花轴位置垂显挂，花轴无毛。果穗多为悬挂，少数水平果穗梳数为4～8段，最大梳果指数15个，果形长圆形、较短粗，果身直或微弯曲、棱角显著，果轴无茸毛，果指长度12～20cm、粗度2.9cm，果柄长2.0cm，生果皮色青绿，果指横切面近圆形。株产10～30kg，熟果皮厚而韧、浅黄色至黄色，熟果肉色杏黄，果肉细腻、紧实，未成熟前味涩，成熟时味甜或略带酸味、纤维较多，果肉香味较淡，叶片颜色为叶面深绿、叶背淡绿，被明显的白粉，无种子或具少数种子。剑头芽假茎红色，带有极多白粉而呈浅黄绿色。

第四节 坚果类果树

（36） 2017352029 板栗

【种质名称】板栗

【作物类别】板栗

【分类】壳斗科栗属

【学名】*Castanea mollissima* B L.

【来源地】福州市闽侯县

【农民认知】个大饱满。

【利用价值】可供用材、食用及饲料，含鞣质。

2017352029 板栗

【主要特征特性】乔木，高15～20m，胸径80cm。树皮深灰色，不规则深纵裂。枝条灰褐色，有纵沟，皮上有许多黄灰色的圆形皮，幼枝被灰褐色茸毛。冬芽短，长约5mm，阔卵形，被茸毛。单叶互生；叶柄长0.5～2cm，被细茸毛或近无毛；叶长椭圆形或长椭圆状披针形，长8～18cm、宽5.5～7cm。成熟壳斗的锐刺有长有短、有疏有密，密时全遮蔽壳斗外壁，疏时则外壁可见，壳斗连刺径4.5～6.5cm。坚果高1.5～3cm，宽1.8～3.5cm。花期4—6月，果期8—10月。

（37） 2018356009 房道核桃

【种质名称】房道核桃

【作物类别】核桃

【分类】胡桃科胡桃属

【学名】*Juglans regia* Linn.

【来源地】南平市建瓯市

【农民认知】半野生，硬壳。

【利用价值】可食用，营养价值高。

【主要特征特性】乔木，高达20～25m，小枝无毛，具光泽，被盾状着生的腺体，灰绿色，后来带褐色。

2018356009 房道核桃

奇数羽状复叶长25～30cm，叶柄及叶轴幼时被有极短腺毛及腺体；小叶通常5～9枚，稀3枚，椭圆状卵形至长椭圆形，长6～15cm、宽3～6cm。果序短，杞俯垂，具1～3果实；

果实近于球状，直径4～6cm，无毛；果核稍具皱曲，有2条纵棱，顶端具短尖头；隔膜较薄，内里无空隙；内果皮壁内具不规则的空隙或无空隙而仅具皱曲。花期5月，果期10月。

（38）2018355206 锥栗

【种质名称】锥栗

【作物类别】锥栗

【分类】壳斗科栗属

【学名】*Castanea henryi*（Skan）Rehd. et Wils.

【来源地】宁德市屏南县

【农民认知】果实甜。

【利用价值】可食用、药用，也可作加工食品。

【主要特征特性】胸径1.5m，冬芽长约5mm，小枝暗紫褐色，托叶长8～14mm。叶长圆形或披针形，长10～23cm、宽3～7cm，顶部长渐尖至尾状长尖，新生叶的基部狭楔尖、两侧对称，成长叶的基部圆或宽楔形、一侧偏斜，叶缘的裂齿有长2～4mm的线状长尖，叶背无毛，但嫩叶有黄色鳞腺且在叶脉两侧有疏长毛。开花期的叶柄长1～1.5cm，结果时延长至2.5cm。花期的叶柄较短，雄花序可成花簇，花柱无毛。果实为坚果。花期为5—7月，果期为9—10月。因其果实底圆而顶尖，形如锥，故命名锥栗。

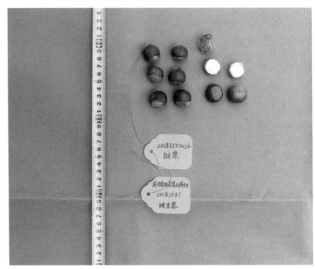

2018355206 锥栗

第五节 其他果树

（39） 2018351033 程溪菠萝2号

【种质名称】程溪菠萝2号

【作物类别】菠萝

【分类】凤梨科凤梨属

【学名】*Ananas comosus* (L.) Merr.

【来源地】漳州市龙海区

【农民认知】甜度高。

【利用价值】果肉可以食用，具有清暑解渴、消食止泻、补脾固肾、补益气血等多种功效；叶的纤维甚坚韧，可供织物、制绳、结网和造纸。

【主要特征特性】茎短，叶多数，莲座式排列，剑形，顶端渐尖，全缘或有锐齿，腹面绿色，背面粉绿色，果实圆柱形。果实大，叶子宽长，产量高，叶片尾尖，产量每亩3 000kg。

2018351033 程溪菠萝2号

第四章
农作物种质资源——经济作物

第一节 茶 树

（1）2018351250 本地茶叶1

【种质名称】本地茶叶1

【作物类别】茶树

【分类】山茶科山茶属

【学名】*Camellia sinensis*（L.）O. Kuntze

【来源地】龙岩市武平县

【农民认知】适于当地种植，适应性强和农艺性状表现稳定。

【利用价值】可作饮品，能生津止渴；可用于种质保存、研究与生产利用。

【主要特征特性】该作物树型为灌木型，树姿半开张，叶长10.0cm、宽3.8cm，叶形长椭圆形。

2018351250 本地茶叶1

（2）2018351251 本地茶叶2

【种质名称】本地茶叶2

【作物类别】茶树

【分类】山茶科山茶属

【学名】*Camellia sinensis*（L.）O. Kuntze

【来源地】龙岩市武平县

【农民认知】适于当地种植，适应性强和农艺性状表现稳定。

【利用价值】可作饮品，能生津止渴；可用于种质保存、研究与生产利用。

【主要特征特性】该作物树型为灌木型，树姿半开张，叶长7.9cm、宽3.0cm，叶形长椭圆形。

2018351251 本地茶叶2

(3) 2018351331 野生茶2号

【种质名称】野生茶2号

【作物类别】茶树

【分类】山茶科山茶属

【学名】*Camellia sinensis*（L.）O. Kuntze

【来源地】漳州市平和县

【农民认知】口感好。

【利用价值】可作饮品，口感好；可用于种质保存、研究与生产利用。

【主要特征特性】该作物树型为灌木型，树姿半开张，叶长8.7cm、宽3.1cm，叶形长椭圆形。

2018351331 野生茶2号

(4) 2018351335 野生茶6号

【种质名称】野生茶6号

【作物类别】茶树

【分类】山茶科山茶属

【学名】*Camellia sinensis*（L.）O. Kuntze

【来源地】漳州市平和县

【农民认知】有独特的香味。

【利用价值】可作饮品，有独特的香味；可用于种质保存、研究与生产利用。

【主要特征特性】该作物树型为灌木型，树姿半开张，叶长7.8cm、宽3.3cm，叶形椭圆形。

2018351335 野生茶6号

(5) 2018351341 野生茶12号

【种质名称】野生茶12号

【作物类别】茶树

【分类】山茶科山茶属

【学名】*Camellia sinensis*（L.）O. Kuntze

【来源地】漳州市平和县

【农民认知】有独特的香味。

【利用价值】可作饮品，有独特的香味；可用于种质保存、研究与生产利用。

【主要特征特性】该作物树型为灌木型，树姿半开张，叶长7.6cm、宽3.4cm，叶形椭圆形。

2018351341 野生茶12号

(6) 2018351344 野生茶15号

【种质名称】野生茶15号

【作物类别】茶树

【分类】山茶科山茶属

【学名】*Camellia sinensis*（L.）O. Kuntze

【来源地】漳州市平和县

【农民认知】有独特的味道。

【利用价值】可作饮品，有独特的味道；可用于种质保存、研究与生产利用。

【主要特征特性】该作物树型为灌木型，树姿半开张，叶长9.8cm、宽3.1cm，叶形披针形。

2018351344 野生茶15号

（7）2018353074 宁化大毫茶

【种质名称】宁化大毫茶

【作物类别】茶树

【分类】山茶科山茶属

【学名】*Camellia sinensis*（L.）O. Kuntze

【来源地】三明市宁化县

【农民认知】优质。

【利用价值】可作饮品，香味浓；可用于种质保存、研究与生产利用。

【主要特征特性】该作物叶长12.7cm、宽4.7cm，叶形长椭圆形。

2018353074 宁化大毫茶

（8）2018351352 野生茶23号

【种质名称】野生茶23号

【作物类别】茶树

【分类】山茶科山茶属

【学名】*Camellia sinensis* (L.) O. Kuntze

【来源地】漳州市平和县

【农民认知】有独特的香味。

【利用价值】可作饮品，有独特的香味；可用于种质保存、研究与生产利用。

【主要特征特性】该作物树型为灌木

型，树姿半开张，叶长9.0cm、宽3.9cm，叶形椭圆形。

2018351352 野生茶23号

（9）2018354014 金罗汉

【种质名称】金罗汉

【作物类别】茶树

【分类】山茶科山茶属

【学名】*Camellia sinensis* (L.) O. Kuntze

【来源地】南平市武夷山市

【农民认知】品质优异，香气浓郁似蜜桃香，滋味醇而回甘。

【利用价值】可作饮品，香气浓郁似蜜桃香，滋味醇而回甘；可用于种质保存、研究与生产利用。

【主要特征特性】该作物树型为小乔木型，树姿半开张，叶长7.5cm、宽3.4cm，叶形椭圆形。

2018354014 金罗汉

（10）2018354017 大红眉

【种质名称】大红眉

【作物类别】茶树

【分类】山茶科山茶属

【学名】*Camellia sinensis* (L.) O. Kuntze

【来源地】南平市武夷山市

【农民认知】芽叶生育力强，发芽较密，持嫩性强。

【利用价值】可作饮品；可用于种质保存、研究与生产利用。

【主要特征特性】该作物树型为灌木型，树姿较开张，叶长9.5cm、宽3.4cm，叶形长椭圆形。

2018354017 大红眉

（11）2018354019 玉观音

【种质名称】玉观音

【作物类别】茶树

【分类】山茶科山茶属

【学名】*Camellia sinensis* (L.) O. Kuntze

【来源地】南平市武夷山市

【农民认知】品质优异，香气浓郁，滋味甘爽。

【利用价值】可作饮品，香气浓郁，滋味甘爽；可用于种质保存、研究与生产利用。

【主要特征特性】该作物树型为灌木型，树姿半开张，叶长6.7cm、宽3.0cm、叶形椭圆形。

2018354019 玉观音

（12）2018354020 JM055（小红眉）

【种质名称】JM055（小红眉）

【作物类别】茶树

【分类】山茶科山茶属

【学名】*Camellia sinensis* (L.) O. Kuntze

【来源地】南平市武夷山市

【农民认知】制乌龙茶，品质优异，条索粗壮紧结，制优率高，特有香型浓郁，滋味醇厚甘鲜，"岩韵"显。

【利用价值】可作饮品，香气浓郁，滋味甘爽；可用于种质保存、研究与生产利用。

【主要特征特性】该作物树型为灌木型，树姿开张，叶长10.3cm、宽4.1cm、叶形长椭圆形。

2018354020 JM055（小红眉）

（13）2018354021 鬼洞白鸡冠

【种质名称】鬼洞白鸡冠

【作物类别】茶树

【分类】山茶科山茶属

【学名】*Camellia sinensis* (L.) O. Kuntze

【来源地】南平市武夷山市

【农民认知】独特香气、绿叶红镶边。

【利用价值】可作饮品，具有独特香气；可用于种质保存、研究与生产利用。

【主要特征特性】该作物树型为灌木型，树姿半开张，叶长8.2cm、宽2.9cm、叶形长椭圆形。

（14）2018354022 月桂

【种质名称】月桂

【作物类别】茶树

2018354021 鬼洞白鸡冠

【分类】山茶科山茶属

【学名】*Camellia sinensis*（L.）O. Kuntze

【来源地】南平市武夷山市

【农民认知】芽叶生育力较强，发芽较稀，持嫩性较强。

【利用价值】可作饮品，具有独特香气；可用于种质保存、研究与生产利用。

【主要特征特性】该作物树型为灌木型，树姿半开张，叶长7.0cm、宽3.1cm，叶形椭圆形。

2018354022 月桂

（15）2018354024 白牡丹

【种质名称】白牡丹

【作物类别】茶树

【分类】山茶科山茶属

【学名】*Camellia sinensis*（L.）O. Kuntze

【来源地】南平市武夷山市

【农民认知】香气浓郁，似兰花香，滋味醇厚甘甜。

【利用价值】可作饮品，香气浓郁，似兰花香，滋味醇厚甘甜；可用于种质保存、研究与生产利用。

【主要特征特性】该作物树型为灌木型，树姿半开张，叶长7.9cm、宽2.8cm，叶形长椭圆形。

2018354024 白牡丹

（16）2018354027 不知春

【种质名称】不知春

【作物类别】茶树

【分类】山茶科山茶属

【学名】*Camellia sinensis*（L.）O. Kuntze

【来源地】南平市武夷山市

【农民认知】芽叶生育力较强，发芽密，持嫩性较强。

【利用价值】可作饮品，香气浓郁似桂花香，滋味醇厚甜美；可用于种质保存、研究与生产利用。

【主要特征特性】该作物树型为灌木型，树姿半开张，叶长7.1cm、宽2.9cm，叶形椭圆形。

（17）2018354029 铁罗汉

【种质名称】铁罗汉

【作物类别】茶树

2018354027 不知春

【分类】山茶科山茶属

【学名】*Camellia sinensis* (L.) O. Kuntze

【来源地】南平市武夷山市

【农民认知】香气浓郁清长、味醇厚、绿叶红镶边。

【利用价值】可作饮品，香气浓郁清长、味醇厚、绿叶红镶边；可用于种质保存、研究与生产利用。

【主要特征特性】该作物树型为灌木型，树姿半开张，叶长8.1cm、宽3.0cm，叶形长椭圆形。

2018354029 铁罗汉

（18）2018354037 正太阴

【种质名称】正太阴

【作物类别】茶树

【分类】山茶科山茶属

【学名】*Camellia sinensis* (L.) O. Kuntze

【来源地】南平市武夷山市

【农民认知】品质特优，特有香型，滋味醇厚回甘。

【利用价值】可作饮品，特有香型，滋味醇厚回甘；可用于种质保存、研究与生产利用。

【主要特征特性】该作物树型为小乔木型，树姿半开张，叶长7.1cm、宽3.0cm，叶形椭圆形。

2018354037 正太阴

（19）2018354038 玉麒麟

【种质名称】玉麒麟

【作物类别】茶树

【分类】山茶科山茶属

【学名】*Camellia sinensis* (L.) O. Kuntze

【来源地】南平市武夷山市

【农民认知】制乌龙茶，品质优异，条索紧结重实，色泽绿褐润，特有品种香气浓郁悠长，滋味醇厚甘爽，"岩韵"显。

【利用价值】可作饮品，香味浓；可用于种质保存、研究与生产利用。

【主要特征特性】该作物树型为灌木型，树姿较直立，叶长6.7cm、宽3.0cm，叶形椭圆形。

2018354038 玉麒麟

（20）2018354079 大红袍1号株

【种质名称】大红袍1号株

【作物类别】茶树

【分类】山茶科山茶属

【学名】*Camellia sinensis* (L.) O. Kuntze

【来源地】南平市武夷山市

【农民认知】品质优，特晚生种，小叶类。

【利用价值】可作饮品；可用于种质保存、研究与生产利用。

【主要特征特性】该作物树型为灌木型，树姿半开张，叶长8.5cm、宽2.7cm，叶形披针形。

2018354079 大红袍1号株

（21）2018354080 正柳条

【种质名称】正柳条

【作物类别】茶树

【分类】山茶科山茶属

【学名】*Camellia sinensis* (L.) O. Kuntze

【来源地】南平市武夷山市

【农民认知】叶片披针形或长椭圆形，小乔木。

【利用价值】可作饮品；可用于种质保存、研究与生产利用。

【主要特征特性】该作物树型为灌木型，树姿半开张，叶长8.2cm、宽2.8cm，叶形长椭圆形。

2018354080 正柳条

（22）2018354083 醉贵姬

【种质名称】醉贵姬

【作物类别】茶树

【分类】山茶科山茶属

【学名】*Camellia sinensis* (L.) O.Kuntze

【来源地】南平市武夷山市

【农民认知】制乌龙茶，品质优异，条

2018354083 醉贵姬

索紧结，色泽绿褐润，特有香型浓郁，滋味醇厚甘鲜，"岩韵"显。

【利用价值】可作饮品；制乌龙茶，品质优异，条索紧结，色泽绿褐润，特有香型浓郁，滋味醇厚甘鲜；可用于种质保存、研究与生产利用。

【主要特征特性】该作物树型为灌木型，树姿半开张，叶长4.9cm、宽2.2cm，叶形椭圆形。

（23）2018354085 向天梅

【种质名称】向天梅
【作物类别】茶树
【分类】山茶科山茶属
【学名】*Camellia sinensis* (L.) O.Kuntze
【来源地】南平市武夷山市
【农民认知】制乌龙茶，品质优异，条索肥实，色泽绿褐润，青梅果型香显，馥郁悠长，滋味浓厚甘鲜，"岩韵"显。

2018354085 向天梅

【利用价值】可作饮品；制乌龙茶，品质优异，条索肥实，色泽绿褐润，青梅果型香显，馥郁悠长，滋味浓厚甘鲜；可用于种质保存、研究与生产利用。

【主要特征特性】该作物树型为灌木型，树姿半开张，叶长7.2cm、宽3.2cm，叶形椭圆形。

（24）2018354086 十二金钗1106

【种质名称】十二金钗1106
【作物类别】茶树
【分类】山茶科山茶属
【学名】*Camellia sinensis* (L.) O.Kuntze
【来源地】南平市武夷山市
【农民认知】小叶类，特晚生。
【利用价值】可作饮品；可用于种质保存、研究与生产利用。

【主要特征特性】该作物树型为灌木型，树姿半开张，叶长7.7cm、宽2.8cm，叶形长椭圆形。

2018354086 十二金钗1106

(25) 2018354087 十二金钗1105

【种质名称】十二金钗1105

【作物类别】茶树

【分类】山茶科山茶属

【学名】*Camellia sinensis*（L.）O.Kuntze

【来源地】南平市武夷山市

【农民认知】中叶类，中生种。

【利用价值】可作饮品；可用于种质保存、研究与生产利用。

【主要特征特性】该作物树型为灌木型，树姿半开张，叶长10.1cm、宽5cm，叶形椭圆形。

2018354087 十二金钗1105

(26) 2018354088 十二金钗1107

【种质名称】十二金钗1107

【作物类别】茶树

【分类】山茶科山茶属

【学名】*Camellia sinensis*（L.）O.Kuntze

【来源地】南平市武夷山市

【农民认知】小叶类，晚生种。

【利用价值】可作饮品；可用于种质保存、研究与生产利用。

【主要特征特性】该作物树型为灌木型，树姿半开张，叶长9.3cm、宽3.7cm，叶形长椭圆形。

2018354088 十二金钗1107

(27) 2018354093 十二金钗1103

【种质名称】十二金钗1103

【作物类别】茶树

【分类】山茶科山茶属

【学名】*Camellia sinensis*（L.）O.Kuntze

【来源地】南平市武夷山市

【农民认知】中叶类，特晚生种。

【利用价值】可作饮品；可用于种质保存、

2018354093 十二金钗1103

研究与生产利用。

【主要特征特性】该作物树型为灌木型，树姿半开张，叶长8.4cm、宽3.3cm，叶形长椭圆形。

（28）2018354094 十二金钗1108

【种质名称】十二金钗1108

【作物类别】茶树

【分类】山茶科山茶属

【学名】*Camellia sinensis*（L.）O. Kuntze

【来源地】南平市武夷山市

【农民认知】小叶类，中生种。

【利用价值】可作饮品；可用于种质保存、研究与生产利用。

【主要特征特性】该作物树型为灌木型，树姿半开张，叶长8.2cm、宽3.5cm，叶形椭圆形。

2018354094 十二金钗1108

（29）2018354103 大红袍3号

【种质名称】大红袍3号

【作物类别】茶树

【分类】山茶科山茶属

【学名】*Camellia sinensis*（L.）O. Kuntze

【来源地】南平市武夷山市

【农民认知】制乌龙茶，品质优异，条索紧实，色泽绿褐润，香气高雅、清幽馥郁芬芳，滋味醇厚回甘，"岩韵"显。

【利用价值】可作饮品；制乌龙茶，品质优异，条索紧实，色泽绿褐润，香气高雅、清幽馥郁芬芳，滋味醇厚回甘。

【主要特征特性】该作物树型为灌木型，树姿半开张，叶长10.0cm、宽3.2cm，叶形披针形。

2018354103 大红袍3号

（30）2018354105 白瑞香

【种质名称】白瑞香

【作物类别】茶树

【分类】山茶科山茶属

【学名】*Camellia sinensis* (L.) O.Kuntze

【来源地】南平市武夷山市

【农民认知】制乌龙茶，品质优，色泽黄绿褐润，香气高强，滋味浓厚似粽叶味，"岩韵"显。

【利用价值】可作饮品；制乌龙茶，品质优，色泽黄绿褐润，香气高强，滋味浓厚似粽叶味。

【主要特征特性】该作物树型为灌木型，树姿半开张，叶长9.1cm、宽4.1cm，叶形椭圆形。

2018354105 白瑞香

(31) 2018354106 北斗

【种质名称】北斗

【作物类别】茶树

【分类】山茶科山茶属

【学名】*Camellia sinensis* (L.) O.Kuntze

【来源地】南平市武夷山市

【农民认知】制乌龙茶，品质优，色泽绿褐润，香气浓郁鲜爽，滋味浓厚回甘，"岩韵"显。

【利用价值】可作饮品；制乌龙茶，品质优，色泽绿褐润，香气浓郁鲜爽，滋味浓厚回甘。

2018354106 北斗

【主要特征特性】该作物树型为灌木型，树姿半开张，叶长7.3cm、宽3.1cm，叶形椭圆形。

(32) 2018354107 九龙珠

【种质名称】九龙珠

【作物类别】茶树

【分类】山茶科山茶属

【学名】*Camellia sinensis* (L.) O.Kuntze

【来源地】南平市武夷山市

【农民认知】芽叶生育力强，发芽密，持嫩性强。

【利用价值】可作饮品；可用于种质

2018354107 九龙珠

保存、研究与生产利用。

　　【主要特征特性】该作物树型为灌木型，树姿半开张，叶长6.5cm、宽2.9cm，叶形椭圆形。

（33）2018354112 岚谷火石坑5号紫芽

　　【种质名称】岚谷火石坑5号紫芽
　　【作物类别】茶树
　　【分类】山茶科山茶属
　　【学名】*Camellia sinensis* (L.) O. Kuntze
　　【来源地】南平市武夷山市
　　【农民认知】优质。
　　【利用价值】可作饮品；可用于种质保存、研究与生产利用。
　　【主要特征特性】该作物树型为灌木型，树姿半开张，叶长7.5cm、宽3.5cm，叶形椭圆形。

2018354112 岚谷火石坑5号紫芽

（34）2018356033 曹岩8号

　　【种质名称】曹岩8号
　　【作物类别】茶树
　　【分类】山茶科山茶属
　　【学名】*Camellia sinensis* (L.) O. Kuntze
　　【来源地】南平市建瓯市
　　【农民认知】野生或半野生有性群体种。
　　【利用价值】可作饮品；可用于种质保存、研究与生产利用。
　　【主要特征特性】该作物树型为灌木型，树姿直立，叶长13.3cm、宽4.1cm，叶形长椭圆形。

（35）2018356042 曹岩18号

　　【种质名称】曹岩18号
　　【作物类别】茶树
　　【分类】山茶科山茶属

2018356033 曹岩8号

【学名】*Camellia sinensis* (L.) O. Kuntze

【来源地】南平市建瓯市

【农民认知】野生或半野生有性群体种。

【利用价值】可作饮品，香气浓郁；可用于种质保存、研究与生产利用。

【主要特征特性】该作物树型为灌木型，树姿直立，叶长12.8cm、宽5.3cm，叶形椭圆形。

2018356042 曹岩18号

（36）2018357101 周宁官思茶1号

【种质名称】周宁官思茶1号

【作物类别】茶树

【分类】山茶科山茶属

【学名】*Camellia sinensis* (L.) O. Kuntze

【来源地】宁德市周宁县

【农民认知】芽叶生育力强。

【利用价值】可作饮品；可用于种质保存、研究与生产利用。

【主要特征特性】该作物树型为灌木型，树姿半开张，叶长9.3cm、宽3.5cm，叶形长椭圆。

2018357101 周宁官思茶1号

（37）2018357102 周宁官思茶2号

【种质名称】周宁官思茶2号

【作物类别】茶树

【分类】山茶科山茶属

【学名】*Camellia sinensis* (L.) O. Kuntze

【来源地】宁德市周宁县

【农民认知】制绿茶品质好。

【利用价值】可作饮品；可用于种质保存、研究与生产利用。

【主要特征特性】该作物树型为灌木型，树姿半开张，叶长10.2cm、宽4.3cm，叶形长椭圆。

2018357102 周宁官思茶2号

（38） 2019357236 天山菜茶-1

【种质名称】天山菜茶-1

【作物类别】茶树

【分类】山茶科山茶属

【学名】*Camellia sinensis*（L.）O. Kuntze

【来源地】宁德市蕉城区

【农民认知】芽叶细嫩。

【利用价值】可作饮品；可用于种质保存、研究与生产利用。

【主要特征特性】该作物树型为灌木型，树姿半开张，叶长7.5cm、宽3.0cm，叶形椭圆形。

2019357236 天山菜茶-1

（39） 2019357237 天山菜茶-2

【种质名称】天山菜茶-2

【作物类别】茶树

【分类】山茶科山茶属

【学名】*Camellia sinensis*（L.）O. Kuntze

【来源地】宁德市蕉城区

【农民认知】芽叶肥壮。

【利用价值】可作饮品；可用于种质保存、研究与生产利用。

【主要特征特性】该作物树型为灌木型，树姿半开张，叶长7.0cm、宽2.9cm，叶形椭圆形。

2019357237 天山菜茶-2

（40） 2020357119 蕉城吴山村茶-1

【种质名称】蕉城吴山村茶-1

【作物类别】茶树

【分类】山茶科山茶属

【学名】*Camellia sinensis*（L.）O. Kuntze

【来源地】宁德市蕉城区

【农民认知】制红茶、绿茶品质好。

【利用价值】可作饮品；可用于种质保存、研究与生产利用。

【主要特征特性】该作物树型为灌木型，树

2020357119 蕉城吴山村茶-1

姿半开张，叶长10.0cm、宽4.0cm，叶形椭圆形。

（41）2020357120 蕉城吴山村茶-2

【种质名称】蕉城吴山村茶-2

【作物类别】茶树

【分类】山茶科山茶属

【学名】*Camellia sinensis* (L.) O. Kuntze

【来源地】宁德市蕉城区

【农民认知】灌木，制红茶、绿茶品质好。

【利用价值】可作饮品；可用于种质保存、研究与生产利用。

【主要特征特性】该作物树型为灌木型，树姿半开张，叶长9.3cm、宽3.7cm，叶形椭圆形。

2020357120 蕉城吴山村茶-2

（42）2020357201 周宁汤家山村茶-1

【种质名称】周宁汤家山村茶-1

【作物类别】茶树

【分类】山茶科山茶属

【学名】*Camellia sinensis* (L.) O. Kuntze

【来源地】宁德市周宁县

【农民认知】菜茶品种，灌木，制红茶、绿茶品质好。

【利用价值】可作饮品；可用于种质保存、研究与生产利用。

【主要特征特性】该作物树型为灌木型，树姿半开张，叶长11.0cm、宽4.2cm，叶形长椭圆形。

2020357201 周宁汤家山村茶-1

（43）2020357202 周宁汤家山村茶-2

【种质名称】周宁汤家山村茶-2

【作物类别】茶树

【分类】山茶科山茶属

【学名】*Camellia sinensis* (L.) O. Kuntze

【来源地】宁德市周宁县

【农民认知】制红茶、绿茶品质好。

2020357202 周宁汤家山村茶-2

【利用价值】可作饮品；可用于种质保存、研究与生产利用。

【主要特征特性】该作物树型为灌木型，树姿半开张，叶长 9.5cm、宽 3.7cm，叶形椭圆形。

（44）2020357232 周宁西溪村茶-1

【种质名称】周宁西溪村茶-1

【作物类别】茶树

【分类】山茶科山茶属

【学名】*Camellia sinensis*（L.）O. Kuntze

【来源地】宁德市周宁县

【农民认知】芽头较密。

【利用价值】可作饮品；可用于种质保存、研究与生产利用。

【主要特征特性】该作物树型为灌木型，树姿半开张，叶长 8.5cm、宽 2.5cm，叶形披针形。

2020357232 周宁西溪村茶-1

（45）2020357233 周宁西溪村茶-2

【种质名称】周宁西溪村茶-2

【作物类别】茶树

【分类】山茶科山茶属

【学名】*Camellia sinensis*（L.）O. Kuntze

【来源地】宁德市周宁县

【农民认知】制成干茶品质较好。

【利用价值】可作饮品；可用于种质保存、研究与生产利用。

【主要特征特性】该作物树型为灌木型，树姿半开张，叶长 10.0cm、宽 3.8cm，叶形长椭圆形。

2020357233 周宁西溪村茶-2

（46）2020357315 紫芽茶树品种-1

【种质名称】紫芽茶树品种-1

【作物类别】茶树

【分类】山茶科山茶属

【学名】*Camellia sinensis*（L.）O. Kuntze

【来源地】宁德市周宁县

2020357315 紫芽茶树品种-1

【农民认知】优质。

【利用价值】可作饮品；可用于种质保存、研究与生产利用。

【主要特征特性】该作物树型为灌木型，树姿半开张，叶长9.7cm、宽4.3cm，叶形椭圆形。

（47）2020357408 峨眉问春

【种质名称】峨眉问春

【作物类别】茶树

【分类】山茶科山茶属

【学名】*Camellia sinensis* (L.) O. Ktze.

【来源地】宁德市蕉城区

【农民认知】香气好。

【利用价值】可作饮品；可用于种质保存、研究与生产利用。

【主要特征特性】该作物树型为灌木型，树姿半开张，叶长8.5cm、宽3.0cm，叶形长椭圆形。

2020357408 峨眉问春

（48）2020357409 毛头种

【种质名称】毛头种

【作物类别】茶树

【分类】山茶科山茶属

【学名】*Camellia sinensis* (L.) O. Ktze.

【来源地】宁德市蕉城区

【农民认知】香气较好。

【利用价值】可作饮品；可用于种质保存、研究与生产利用。

【主要特征特性】该作物树型为灌木型，树姿半开张，叶长9.5cm、宽4.1cm，叶形椭圆形。

2020357409 毛头种

（49）2020357410 御金香

【种质名称】御金香

【作物类别】茶树

【分类】山茶科山茶属

【学名】*Camellia sinensis* (L.) O. Ktze.

【来源地】宁德市蕉城区

【农民认知】香气浓郁。

【利用价值】可作饮品；可用于种质保存、研究与生产利用。

【主要特征特性】该作物树型为灌木型，树姿半开张，叶长8.7cm、宽3.6cm，叶形椭圆形。

2020357410 御金香

(50) 2020357411 梅香

【种质名称】梅香

【作物类别】茶树

【分类】山茶科山茶属

【学名】*Camellia sinensis* (L.) O. Ktze.

【来源地】宁德市蕉城区

【农民认知】芽叶生育力强。

【利用价值】可作饮品；可用于种质保存、研究与生产利用。

【主要特征特性】该作物树型为灌木型，树姿半开张，叶长7.5cm、宽3.4cm，叶形椭圆形。

2020357411 梅香

(51) 2020357412 菜茶

【种质名称】菜茶

【作物类别】茶树

【分类】山茶科山茶属

【学名】*Camellia sinensis* (L.) O. Ktze.

【来源地】宁德市蕉城区

【农民认知】制红茶、绿茶品质好。

【利用价值】可作饮品；可用于种质保存、研究与生产利用。

【主要特征特性】该作物树型为灌木型，树姿半开张，叶长9.2cm、宽3.1cm，叶形长椭圆形。

2020357412 菜茶

(52) 2020357414 蕉城吴山村茶-5

【种质名称】蕉城吴山村茶-5

【作物类别】茶树

【分类】山茶科山茶属

【学名】*Camellia sinensis* (L.) O. Ktze.

【来源地】宁德市蕉城区

【农民认知】口感好。

【利用价值】可作饮品；可用于种质保存、研究与生产利用。

【主要特征特性】该作物树型为灌木型，树姿半开张，叶长7.5cm、宽2.7cm，叶形长椭圆形。

2020357414 蕉城吴山村茶-5

(53) 2021357040 吴山茶-1（福黄1号）

【种质名称】吴山茶-1

【作物类别】茶树

【分类】山茶科山茶属

【学名】*Camellia sinensis* (L.) O. Kuntze

【来源地】宁德市蕉城区

【农民认知】制红茶、绿茶品质好。

【利用价值】可作饮品；可用于种质保存、研究与生产利用。

【主要特征特性】福安大白茶芽叶黄化变异种株。无性系，大叶类，早生种。小乔木，植株较高大，主干明显，树

2021357040 吴山茶-1（福黄1号）

姿半开张，分枝较密，叶片稍上斜着生。叶长椭圆形，叶色绿，富光泽，叶面平，叶缘平，叶身内折，叶尖渐尖，叶齿较锐浅密，叶质厚脆。芽叶黄色，茸毛较多，发芽较密且整齐，一芽三叶百芽重93.0g。花冠直径3.7cm，花瓣7~8瓣，子房茸毛多，花柱3裂，结实少。抗寒、抗旱能力较强，较为耐肥，产量较高。主要分布在蕉城区八都镇吴山村，海拔600~700m，经度119.57°、纬度26.86°，生物多样性较丰富，土壤为黄红砂壤。福黄茶叶主要加工成绿茶、红茶和白茶，制白茶品质优异，芽壮毫显，香清味鲜醇，风味独特；制红茶，条索壮实紧结、白毫多，香高、味浓醇，叶底肥厚红亮；制烘青绿茶，条索自然，色浅黄亮，汤色淡黄明亮。其遗传特性和生化指标已开展初步研究，其中福黄1号共鉴定到19种游离氨基酸，其游离氨基酸含量显著高于福安大白茶，达97.13mg/g。一芽二叶鲜叶含氨基酸8.0%、茶多酚27.16%、咖啡碱4.56%。

（54）2021357041 吴山茶-2（福黄2号）

【种质名称】吴山茶-2

【作物类别】茶树

【分类】山茶科山茶属

【学名】*Camellia sinensis*（L.）O. Kuntze

【来源地】宁德市蕉城区

【农民认知】口感好。

【利用价值】可作饮品；可用于种质保存、研究与生产利用。

【主要特征特性】为福云6号茶树的自然变异株，原产于福建省宁德市蕉城区八都镇。树姿半开

2021357041 吴山茶-2（福黄2号）

张，分枝能力强，分枝较密，节间长3.2～4.3cm。叶片多数呈水平状或稍下垂状着生，叶长11.2～14.9cm、宽4.4～4.8cm，叶形呈长椭圆形或披针形，叶色黄绿、光泽性强，叶质柔软，叶面平滑，叶身内折，叶缘平直，锯齿浅而稀，叶尖渐尖，侧脉8～11对。嫩芽叶黄色，肥壮，茸毛多，育芽能力较强，持嫩性较好，一芽三叶长9.1cm，一芽三叶百芽重103.5g，产量较高。始花期为10月上旬，盛花期为10月下旬至11月下旬，花冠直径3.3～3.9cm，花瓣6～7片，萼片5～6片，柱头3裂，雌蕊高于雄蕊，子房茸毛多。结实能力中等，种子成熟期为10月下旬。适制绿茶、红茶和白茶，制绿茶条索紧细、白毫显露、香气清高、汤色杏黄明亮、滋味醇和爽口。一芽二叶鲜叶含氨基酸2.59%、茶多酚25.34%、咖啡碱3.58%。

第二节 木 薯

（55）2018351171 红柄木薯

【种质名称】红柄木薯

【作物类别】木薯

【分类】大戟科木薯属

【学名】*Manihot esculenta* Crantz

【来源地】漳州市南靖县

【农民认知】出粉多、细腻。

【利用价值】可食用，也可作为工业淀粉原料。

【主要特征特性】该作物株型伞型。茎的分叉为二、三、四分叉，成熟主茎外皮颜色黄褐，成熟主茎内皮颜色浅绿。裂片叶形拱形，叶片裂叶数5、6、7（居多）。块根无规则分布，块根形状圆柱形，块根肉质颜色黄。

2018351171 红柄木薯

（56）2018351278 本地木薯

【种质名称】本地木薯

【作物类别】木薯

【分类】大戟科木薯属

【学名】*Manihot esculenta* Crantz

【来源地】龙岩市武平县

【农民认知】粗生易长、容易栽培、高产和四季可收，淀粉含量高。

【利用价值】可食用、药用，能治疗痈疽疮疡、瘀肿疼痛、疥疮、顽癣等症状，用水磨粉煮熟食用。

【主要特征特性】该作物株型直立。茎的分叉为四分叉，成熟主茎外皮颜色黄褐，成熟主茎内皮颜色浅绿。裂片叶形倒卵披针形，叶片裂叶数5、7、8、9（居多）。块根水平伸长分布，块根形状圆锥形，块根肉质颜色白或乳黄。

2018351278 本地木薯

（57）2018355085 黄种木薯

【种质名称】黄种木薯

【作物类别】木薯

【分类】大戟科木薯属

【学名】*Manihot esculenta* Crantz

【来源地】漳州市诏安县

【农民认知】煮食粉糯、清甜。

【利用价值】可食用，能煮食也可制成木薯粉或做成小吃。

【主要特征特性】该作物株型直立。茎的分叉为三、四分叉，成熟主茎外皮颜色黄褐，成熟主茎内皮颜色浅绿。裂片叶形拱形，叶片裂叶数5、6、7（居多）。块根水平伸长分布，块根形状圆锥/圆柱形，块根肉质颜色黄。

2018355085 黄种木薯

（58）2018355086 白种木薯

【种质名称】白种木薯

【作物类别】木薯

【分类】大戟科木薯属

【学名】*Manihot esculenta* Crantz

【来源地】漳州市诏安县

【农民认知】抗性较强，产量较高。

【利用价值】可食用，用于加工木薯粉，可制作糕点。

【主要特征特性】该作物株型直立。茎的分叉为三分叉，成熟主茎外皮颜色红褐，成熟主茎内皮颜色浅绿。裂片叶形拱形，叶片裂叶数5、6、7（居多）。块根水平伸长分布，块根形状圆柱形，块根肉质颜色白或乳黄。

（59）2018358016 本地木薯

【种质名称】本地木薯

2018355086 白种木薯

【作物类别】木薯

【分类】大戟科木薯属

【学名】*Manihot esculenta* Crantz

【来源地】龙岩市漳平市

【农民认知】清凉，冲水喝。

【利用价值】可食用，能治腹痛，开水冲泡加糖饮用。

【主要特征特性】该作物株型直立。茎的分叉为二、三、四分叉，成熟主茎外皮颜色灰绿，成熟主茎内皮颜色深绿。裂片叶形拱形，叶片裂叶数7（居多）、8、9，块根水平伸长分布，块根形状圆锥/圆柱形，块根肉质颜色白或乳黄。

2018358016 本地木薯

第三节 甘 蔗

（60）2019358075 漳平糖蔗

【种质名称】漳平糖蔗

【作物类别】甘蔗

【分类】禾本科甘蔗属

【学名】*Saccharum officinarum* L.

【来源地】龙岩市漳平市

【农民认知】可食用、制糖。

【利用价值】可食用，能清热解毒，常鲜食或榨汁。甘蔗是我国制糖的主要原料，也是糖果、饮料等食品工业的重要原料。同时，甘蔗还是轻工、化工和能源的重要原料。

【主要特征特性】根状茎粗壮发达。秆高3～5（～6）m。直径2～4

2019358075 漳平糖蔗

（～5）cm，具20～40节，下部节间较短而粗大，被白粉。叶鞘长于其节间，除鞘口具柔毛外余无毛；叶舌极短，生纤毛，叶片长达1m、宽4～6cm，无毛，中脉粗壮，白色，边缘具锯齿状粗糙。

第四节 花 生

（61）2017352036 仙山红花生

【种质名称】仙山红花生

【作物类别】花生

【分类】豆科花生属

【学名】*Arachis hypogaea* L.

【来源地】福州市闽侯县

【农民认知】该花生种植时间较久，花生皮为红色，鲜食有香味，颗粒较小，口感好，可用于榨油，但主要用于鲜食，产量不高，与主流种植的花生品种区别很大。

【利用价值】可直接食用，也可用于榨油，亦是制皂和生发油等化妆品的原料。

【主要特征特性】该作物主茎高41.9cm，总分枝数6.1，荚果网纹明显，株型直立型，开花习性为连续开花，植物学类型为珍珠豆型。生育期130d，荚果小，荚果类型为曲棍型，种皮深红，出仁率72.6%，百果重163.6g，百仁重47.4g。

2017352036 仙山红花生

（62）2017353022 潼关红皮花生

【种质名称】潼关红皮花生

【作物类别】花生

【分类】豆科花生属

【学名】*Arachis hypogaea* L.

【来源地】福州市永泰县

【农民认知】颗粒饱满，一个果实内含两粒种子，优质。

【利用价值】可食用，能润肺，常生食、水煮，也可榨油。

【主要特征特性】该作物主茎高40.6cm，总分枝数6.1，荚果网纹明显，株型直立型，

2017353022 潼关红皮花生

开花习性为连续开花，植物学类型为珍珠豆型。生育期123d，荚果中等大小，荚果类型为斧头型，种皮深红，出仁率74.0%，百果重148.6g，百仁重56.6g。

(63) 2017353023 潼关白皮花生

【种质名称】潼关白皮花生
【作物类别】花生
【分类】豆科花生属
【学名】*Arachis hypogaea* L.
【来源地】福州市永泰县
【农民认知】颗粒饱满，种皮白色，优质。
【利用价值】可食用，具有润肺的功效，可直接食用、煮食、炒食。

2017353023 潼关白皮花生

【主要特征特性】该作物主茎高45.2cm，总分枝数5.1，荚果网纹中等，株型直立型，开花习性为连续开花，植物学类型为珍珠豆型。生育期124d，荚果中等大小，荚果类型为普通型，种皮浅褐，出仁率73.4%，百果重205.4g，百仁重76.6g。

(64) 2017354041 花生

【种质名称】花生
【作物类别】花生
【分类】豆科花生属
【学名】*Arachis hypogaea* L.
【来源地】福州市罗源县
【农民认知】口感好，味香。
【利用价值】可食用，常水煮或炒食。

【主要特征特性】该作物主茎高39.1cm，总分枝数5.8，荚果网纹明显，株型直立型，开花习性为连续开花，植物学类型为珍珠豆型。生育期120d，荚果小，荚果类型为普通型，种皮浅褐，出仁率73.0%，百果重113.2g，百仁重46.2g。

2017354041 花生

(65) 2017355021 红皮花生

【种质名称】红皮花生
【作物类别】花生
【分类】豆科花生属
【学名】*Arachis hypogaea* L.
【来源地】三明市三元区
【农民认知】颗粒饱满。

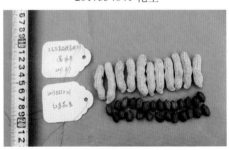

2017355021 红皮花生

【利用价值】可食用，能补血止血、降血脂、调和脾胃，常水煮、做花生汤或配菜食用。

【主要特征特性】该作物主茎高46.2cm，总分枝数6，荚果网纹中等，株型直立，开花习性为连续开花，植物学类型为珍珠豆型。生育期120d，荚果中等大小，荚果类型为普通型，种皮红色，出仁率53.5%，百果重139.5g，百仁重50.5g。

(66) 2018355018 红皮花生

【种质名称】红皮花生
【作物类别】花生
【分类】豆科花生属
【学名】*Arachis hypogaea* L.
【来源地】漳州市诏安县
【农民认知】口感鲜甜，可鲜食亦可榨油。
【利用价值】可食用，能润肺，常鲜食或榨油。

2018355018 红皮花生

【主要特征特性】该作物主茎高47.1cm，总分枝数7.1，荚果网纹非常明显，株型直立型，开花习性为连续开花，植物学类型为珍珠豆型。生育期123d，荚果中等大小，荚果类型为普通型，种皮粉红，出仁率65.9%，百果重185.5g，百仁重72.7g。

(67) 2019351373 本地花生

【种质名称】本地花生
【作物类别】花生
【分类】豆科花生属
【学名】*Arachis hypogaea* L.
【来源地】漳州市平和县
【农民认知】出油率高。
【利用价值】可食用，常用于榨油，出油率高。

【主要特征特性】该作物主茎高49.5cm，总分枝数6.2，荚果网纹明显，株型直立型，开花习性为连续开花，植物学类型为珍珠豆型。生育期119d，荚果小，荚果类型为普通型，种皮浅褐，出仁率73.1%，百果重147.0g，百仁重53.0g。

2019351373 本地花生

（68）2020352017 大社花生

【种质名称】大社花生

【作物类别】花生

【分类】豆科花生属

【学名】*Arachis hypogaea* L.

【来源地】漳州市漳浦县

【农民认知】口感好。

【利用价值】可食用，能促进人体的新陈代谢、增强记忆力，可益智、抗衰老；是重要的油料作物；也可作工业原料，肥料、饲料等用途。

【主要特征特性】该作物主茎高71.0cm，总分枝数8.3，荚果网纹明显，株型直立型，开花习性为连续开花，植物学类型为珍珠豆型。生育期125d，荚果中大，荚果类型为普通型，种皮浅褐，出仁率70.2%，百果重241.8g，百仁重76.0g。

2020352017 大社花生

（69）2020352021 院前花生

【种质名称】院前花生

【作物类别】花生

【分类】豆科花生属

【学名】*Arachis hypogaea* L.

【来源地】漳州市漳浦县

【农民认知】优质。

【利用价值】可食用，能用清水焖、煮、炖，既可避免营养成分不被高温所破坏，又能煮至熟烂，口感润滑，容易消化吸收，也可做干果、糕点等零食。

【主要特征特性】该作物主茎高64.7cm，总分枝数6.8，荚果网纹明显，株型直立型，开花习性为连续开花，植物学类型为珍珠豆型。生育期125d，荚果中大，荚果类型为普通型，种皮浅褐，出仁率70.7%，百果重218.4g，百仁重76.7g。

2020352021 院前花生

（70）2020358010 花生

【种质名称】花生

【作物类别】花生

【分类】豆科花生属

【学名】*Arachis hypogaea* L.

【来源地】龙岩市漳平市

【农民认知】2 ~ 3粒仁，橙红色种皮。

【利用价值】可食用，常水煮、晒干食用；茎叶可作饲料。

【主要特征特性】该作物主茎高61.3cm，总分枝数11，荚果网纹非常明显，株型直立型，开花习性为连续开花，植物学类型为多粒型。生育期123d，荚果中等大小，荚果类型为曲棍型，种皮浅褐，出仁率72.2%，百果重181.1g，百仁重51.7g。

2020358010 花生

（71）2021351105 山城本地花生

【种质名称】山城本地花生

【作物类别】花生

【分类】豆科花生属

【学名】*Arachis hypogaea* L.

【来源地】漳州市南靖县

【农民认知】香气较浓。

【利用价值】可食用，也可榨油。

【主要特征特性】该作物主茎高60.8cm，总分枝数7，荚果网纹中等，株型直立型，开花习性为连续开花，植物学类型为珍珠豆型。生育期122d，荚果小，荚果类型为普通型，种皮浅褐，出仁率70.3%，百果重148.0g，百仁重54.0g。

2021351105 山城本地花生

（72）2021351222 红花花生

【种质名称】红花花生

【作物类别】花生

【分类】豆科花生属

【学名】*Arachis hypogaea* L.

【来源地】漳州市龙海区

【农民认知】可榨油。

【利用价值】可食用，常用于榨油。

【主要特征特性】该作物主茎高51.2cm，总分枝数5.6，荚果网纹明显，株型直立型，开花习性为连续开花，植物学类型为珍珠豆型。生育期125d，荚果中等大小，荚果类型为普通型，种皮粉色，出仁率67.7%，百果重163.2g，百仁重67.0g。

2021351222 红花花生

（73）2021351527 枫溪花生

【种质名称】枫溪花生

【作物类别】花生

【分类】豆科花生属

【学名】*Arachis hypogaea* L.

【来源地】三明市明溪县

【农民认知】饱满、小粒、白色。

【利用价值】可食用，能清肺止咳、降低胆固醇、延缓衰老，常用于煮粥。

【主要特征特性】该作物主茎高38.9cm，总分枝数7.3，荚果网纹非常明显，株型直立型，开花习性为连续开花，植物学类型为珍珠豆型。生育期125d，荚果小，荚果类型为普通型，种皮浅褐，出仁率77.0%，百果重160.0g，百仁重67.4g。

2021351527 枫溪花生

（74）2021353003 桂阳本地花生

【种质名称】桂阳本地花生

【作物类别】花生

【分类】豆科花生属

【学名】*Arachis hypogaea* L.

【来源地】三明市建宁县

【农民认知】果实饱满，一个果实内含两粒种子，优质。

【利用价值】可食用，能治疗营养不良、脾胃失调、咳嗽痰喘等疾病，常用于榨油，可水煮花生、炸花生、炒花生食用。

【主要特征特性】该作物主茎高43.5cm，总分枝数7.3，荚果网纹明显，株型直立型，开花习性为连续开花，植物学类型为珍珠豆型。生育期123d，荚果中等大小，荚果类型为普通型，种皮浅褐，出仁率69.3%，百果重162.3g，百仁重61.2g。

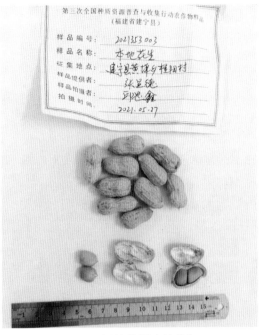

2021353003 桂阳本地花生

（75）2021353087 濑溪花生

【种质名称】濑溪花生

【作物类别】花生

【分类】豆科花生属

【学名】*Arachis hypogaea* L.

【来源地】三明市建宁县

【农民认知】果实较长，一个果实内含3～5粒种子。

【利用价值】可食用，能润肺，常用于榨油。

【主要特征特性】该作物主茎高46.8cm，总分枝数6.2，荚果网纹非常明显，株型直立型，开花习性为连续开花，植物学类型为多粒型。生育期123d，荚果中等大小，荚果类型为曲棍型，种皮深红，出仁率64.5%，百果重163.5g，百仁重54.9g。

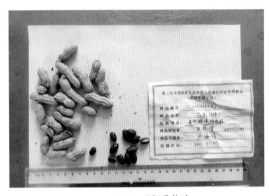

2021353087 濑溪花生

（76）2021353115 建宁本地花生

【种质名称】建宁本地花生

【作物类别】花生

【分类】豆科花生属

【学名】*Arachis hypogaea* L.

【来源地】三明市建宁县

【农民认知】口感好、优质、广适。

【利用价值】可食用，是重要的油料作物，可用于榨油；常煮食或炸制食用。

【主要特征特性】该作物主茎高44.1cm，总分枝数7.2，荚果网纹明显，株型直立型，开花习性为连续开花，植物学类型为珍珠豆型。生育期130d，荚果大，荚果类型为普通型，种皮粉红，出仁率73.1%，百果重218.9g，百仁重81.3g。

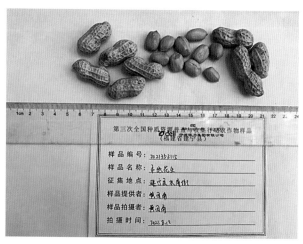

2021353115 建宁本地花生

(77) 2021353242 泉上三粒红

【种质名称】泉上三粒红

【作物类别】花生

【分类】豆科花生属

【学名】*Arachis hypogaea* L.

【来源地】三明市宁化县

【农民认知】优质、广适。

【利用价值】可食用，是重要的油料作物，可用于榨油；茎、叶为良好绿肥。

【主要特征特性】该作物主茎高50.2cm，总分枝数6.3，荚果网纹非常明

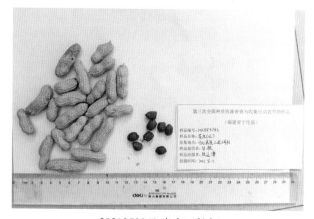

2021353242 泉上三粒红

显，株型直立型，开花习性为连续开花，植物学类型为多粒型。生育期122d，荚果小，荚果类型为串珠型，种皮深红，出仁率74.6%，百果重196.9g，百仁重56.3g。

(78) 2021353520 下坂红皮花生

【种质名称】下坂红皮花生

【作物类别】花生

【分类】豆科花生属

【学名】*Arachis hypogaea* L.

【来源地】福州市永泰县

【农民认知】口感好，香。

【利用价值】可食用、加工；常生食、煮食，或用于榨油。

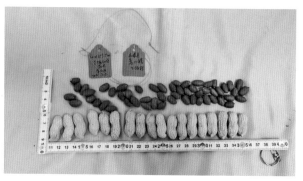

2021353520 下坂红皮花生

【主要特征特性】该作物主茎高50.1cm，总分枝数6.4，荚果网纹非常明显，株型直立型，开花习性为连续开花，植物学类型为珍珠豆型。生育期127d，荚果中等大小，荚果类型为普通型，种皮深红，出仁率76.4%，百果重107.2g，百仁重46.4g。

(79) 2021354123 鉴江本地

【种质名称】鉴江本地
【作物类别】花生
【分类】豆科花生属
【学名】*Arachis hypogaea* L.
【来源地】福州市罗源县
【农民认知】粉红色种子，口感好，香甜，炖菜好吃。
【利用价值】可食用，也可榨油。
【主要特征特性】该作物主茎高34.0cm，总分枝数5.5，荚果网纹明显，株型直立，开花习性为连续开花，植物学类型为珍珠豆型。生育期125d，荚果中大，荚果类型为普通型，种皮粉红，出仁率68.6%，百果重190.8g，百仁重75.8g。

2021354123 鉴江本地

(80) 2021355023 本地红皮花生

【种质名称】本地红皮花生
【作物类别】花生
【分类】豆科花生属
【学名】*Arachis hypogaea* L.
【来源地】三明市三元区
【农民认知】颗粒饱满。
【利用价值】可食用，能补血止血、降血脂、调和脾胃，常水煮、做花生汤、配菜食用。
【主要特征特性】该作物主茎高46.2cm，总分枝数5.2，荚果网纹非常明显，株型直立型，开花习性为连续开花，植物学类型为多粒型。生育期123d，荚果中等大小，荚果类型为串珠型，种皮深红，出仁率76.3%，百

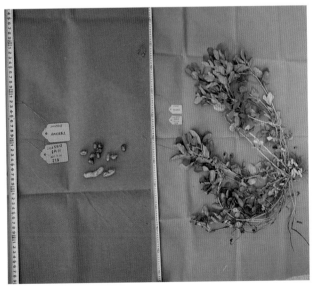

2021355023 本地红皮花生

果重195.8g，百仁重60.4g。

（81）2021355024 本地白皮花生

【种质名称】本地白皮花生
【作物类别】花生
【分类】豆科花生属
【学名】*Arachis hypogaea* L.
【来源地】三明市三元区
【农民认知】口感好、颗粒饱满。
【利用价值】可食用，能降血脂、调和脾胃；常水煮、做花生汤。
【主要特征特性】该作物主茎高38.6cm，总分枝数6.3，荚果网纹明

2021355024 本地白皮花生

显，株型直立型，开花习性为连续开花，植物学类型为珍珠豆型。生育期128d，荚果中等大小，荚果类型为普通型，种皮粉红，出仁率72.9%，百果重177.2g，百仁重71.2g。

（82）2021355245 代溪白皮花生

【种质名称】代溪白皮花生
【作物类别】花生
【分类】豆科花生属
【学名】*Arachis hypogaea* L.
【来源地】宁德市屏南县
【农民认知】可食用，白皮。
【利用价值】可食用，常煮食。
【主要特征特性】该作物主茎高50.4cm，总分枝数6.5，荚果网纹非常明显，株型直立型，开花习性为连续开花，植物学类型为珍珠豆型。生育

2021355245 代溪白皮花生

期124d，荚果中等大小，荚果类型为普通型，种皮粉色，出仁率72.9%，百果重198.2g，百仁重78.4g。

（83）2021355254 坂兜花生

【种质名称】坂兜花生
【作物类别】花生
【分类】豆科花生属

【学名】*Arachis hypogaea* L.

【来源地】宁德市屏南县

【农民认知】可食用，味道好。

【利用价值】可食用、可加工；常生食、油炸，也可用于榨油。

【主要特征特性】该作物主茎高46.7cm，总分枝数7.1，荚果网纹不明显，株型直立型，开花习性为连续开花，植物学类型为多粒型。生育期126d，荚果大，荚果类型为串珠型，种皮红，出仁率74.1%，百果重194.2g，百仁重52.0g。

2021355254 坂兜花生

（84）2021356066 红皮花生

【种质名称】红皮花生

【作物类别】花生

【分类】豆科花生属

【学名】*Arachis hypogaea* L.

【来源地】南平市邵武市

【农民认知】口感好，香。

【利用价值】可食用、可加工；常生食、油炸，也可用于榨油。

【主要特征特性】该作物主茎高53.5cm，总分枝数7.3，荚果网纹明显，株型直立型，开花习性为连续开花，植物学类型为珍珠豆型。生育期119d，荚果中等大小，荚果类型为串珠型，种皮深红，出仁率72.1%，百果重172.0g，百仁重60.0g。

2021356066 红皮花生

（85）2021357008 蕉城钟洋花生

【种质名称】蕉城钟洋花生

【作物类别】花生

【分类】豆科花生属

【学名】*Arachis hypogaea* L.

【来源地】宁德市蕉城区

【农民认知】颗粒饱满。

【利用价值】可食用，也可用于榨油，油

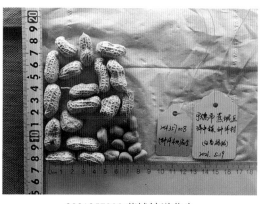

2021357008 蕉城钟洋花生

料较香；常生食、水煮食用。

【主要特征特性】该作物主茎高66.9cm，总分枝数7，荚果网纹明显，株型直立型，开花习性为连续开花，植物学类型为珍珠豆型。生育期120d，荚果中等大小，荚果类型为普通型，种皮浅褐，出仁率73.3%，百果重156.2g，百仁重61.3g。

(86) 2021357129 七步花生

【种质名称】七步花生

【作物类别】花生

【分类】豆科花生属

【学名】*Arachis hypogaea* L.

【来源地】宁德市周宁县

【农民认知】颗粒饱满。

【利用价值】可食用，能补血止血、降血脂、调和脾胃，常水煮、做花生汤、配菜食用。

【主要特征特性】该作物主茎高48.4cm，总分枝数7.1，荚果网纹明

2021357129 七步花生

显，株型直立型，开花习性为连续开花，植物学类型为珍珠豆型。生育期115d，荚果小，荚果类型为普通型，种皮浅褐，出仁率72.5%，百果重123.4g，百仁重51.4g。

(87) 2021358024 上界花生

【种质名称】上界花生

【作物类别】花生

【分类】豆科花生属

【学名】*Arachis hypogaea* L.

【来源地】龙岩市漳平市

【农民认知】颗粒饱满。

【利用价值】可食用，能润肺，可生食、水煮、做花生汤；可榨油，油料较香。

【主要特征特性】该作物主茎高51.6cm，总分枝数6.5，荚果网纹明显，株型直立型，开花习性为连续开花，植物学类型为多粒型。生育期123d，荚果中等大小，荚果类型为曲

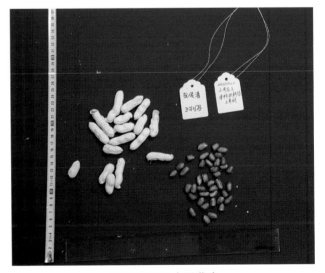

2021358024 上界花生

棍型，种皮深红，出仁率79.7%，百果重239.6g，百仁重58.0g。

第五节 芝 麻

（88）2021358049 芝麻

【种质名称】芝麻

【作物类别】芝麻

【分类】胡麻科芝麻属

【学名】*Sesamum indicum* L.

【来源地】龙岩市漳平市

【农民认知】种子色泽乌黑光亮，香气浓。

【利用价值】可食用、榨油，能黑发、出油高、香味浓，可做芝麻糊、烙饼。

【主要特征特性】该作物株型直立，始分枝高度22.5cm，主茎始蒴高

2021358049 芝麻

度26.5cm，主茎果轴长度17cm，节间长度3.5cm，成熟主茎颜色绿，叶色深绿，叶序对生，叶形卵形，叶角直立，每叶腋花数3花，始花节位2节，花冠颜色白，蒴果棱数6，每蒴粒数22，种皮颜色黑，千粒重2g。

第六节 油 菜

（89）2017351056 甘蓝型油菜

【种质名称】甘蓝型油菜

【作物类别】油菜

【分类】十字花科芸薹属

【学名】*Brassica napus* L.

【来源地】三明市明溪县

【农民认知】抗寒，耐旱，冬季种植在稻田里，可榨油或直接食用。

【利用价值】可榨油或作为蜜源作物，经热处理后提取油脂。通过稻油轮作有效利用冬季闲置的稻田，提高稻田的使用率。

2017351056 甘蓝型油菜

【主要特征特性】该作物生育日数209d，叶形椭圆形，花色黄，种皮色红褐，株高146.1cm，分枝高度38.7cm，全株角果数355.2，一次分枝数10.4，每角粒数18.9，千粒重3.73g。

第五章
农作物种质资源——牧草绿肥

(1) 2017354061 稗

【种质名称】稗

【作物类别】稗

【分类】禾本科稗属

【学名】*Echinochloa crusgalli* (L.) Beauv.

【来源地】福州市罗源县

【农民认知】适应性好，饲用喂鸡。

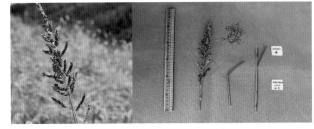

2017354061 稗

【利用价值】稗全草既是优质饲料，也可当作绿肥。当饲料可直接喂食畜禽，作为绿肥经过腐熟后，也能起到肥田作用。

【主要特征特性】一年生。秆高50～150cm，光滑无毛，基部倾斜或膝曲。叶鞘疏松裹秆，平滑无毛，下部者长于而上部者短于节间；叶舌缺；叶片扁平，线形，长10～40cm、宽5～20mm，无毛，边缘粗糙。圆锥花序直立。花果期夏秋季。多生于沼泽地、沟边及水稻田中。

(2) 2017354032 拂子茅

【种质名称】拂子茅

【作物类别】拂子茅

【分类】禾本科拂子茅属

【学名】*Calamagrostis epigeios* (L.) Roth

【来源地】福州市罗源县

【农民认知】适应性好，抗病，抗虫；可作牛羊饲料。

【利用价值】拂子茅是牲畜喜食的牧草，同时其根茎顽强，抗盐碱土壤，又耐强湿，是固定泥沙、保护河岸的良好材料。

【主要特征特性】多年生，具根状茎。

2017354032 拂子茅

秆直立，平滑无毛或花序下稍粗糙，高45～100cm，径2～3mm。花果期5—9月。生于潮湿地及河岸沟渠旁。

(3) 2021354125 狗尾草

【种质名称】狗尾草

【作物类别】狗尾草

【分类】禾本科狗尾草属

【学名】*Setaria viridis* (L.) Beauv.

【来源地】福州市罗源县

【农民认知】田间地头随处可见，适应性好，可作饲草用。

【利用价值】秆、叶可作饲料，也可入药，治痈瘀、面癣；全草加水煮沸20min后，滤出液可喷杀菜虫；小穗可提炼糠醛。

2021354125 狗尾草

【主要特征特性】一年生。根为须状，高大植株具支持根。秆直立或基部膝曲，高10～100cm、基部径达3～7mm。叶鞘松弛，无毛或疏具柔毛或疣毛，边缘具较长的密绵毛状纤毛。颖果灰白色。花果期5—10月。分布于全国各地；生于海拔4000m以下的荒野、道旁，为旱地作物常见的一种杂草。

(4) 2017354081 含羞草决明

【种质名称】含羞草决明

【作物类别】含羞草决明

【分类】豆科决明属

【学名】*Cassia mimosoides* Linn.

【来源地】福州市罗源县

【农民认知】适应性好，耐贫瘠。种子比较坚硬，作为饲料给鸡食用，加强鸡的消化功能。

【利用价值】含羞草决明常生长于荒地上，耐旱又耐瘠，是良好的覆盖植物和改土植物，又是良好的绿肥及饲料；其幼嫩茎叶可以代茶；种子入药可治痢疾。

2017354081 含羞草决明

【主要特征特性】一年生或多年生亚灌木状草本，高30～60cm，多分枝；枝条纤细，被微柔毛。叶长4～8cm；萼长6～8mm，顶端急尖，外被疏柔毛；花瓣黄色，不等大，具短柄，略长于萼片。花果期通常8—10月。分布于我国东南部、南部至西南部；生于坡地或空旷地的灌木丛或草丛中。

(5) 2021351343 黑麦草

【种质名称】黑麦草

【作物类别】黑麦草

【分类】禾本科黑麦草属

【学名】*Lolium perenne* L.

【来源地】龙岩市武平县

【农民认知】适应性强，草甸草场，路旁湿地常见；可以当作饲料喂食鸡、鸭、牛、羊、猪等畜禽。

【利用价值】黑麦草是各地普遍引种栽培的优良牧草，也可作绿肥。黑麦草生长

2021351343 黑麦草

快、分蘖多、能耐牧，是优质的放牧用牧草；可直接放牧利用，或青刈舍饲，直接投喂或切段饲喂，或通过青贮发酵作为冬季饲料，还可以调制成干草或干草粉。

【主要特征特性】多年生。秆高30～90cm，3～4节，基部节生根；叶舌长约2mm；叶片线形，长5～20cm、宽3～6mm，有时具叶耳；穗形穗状花序长10～20cm、宽5～8mm；小穗轴节间长约1mm，无毛；颖披针形。花果期5—7月。

(6) 2021351334 文溪红萍

【种质名称】文溪红萍

【作物类别】红萍

【分类】满江红科满江红属

【学名】*Azolla imbricata* (Roxb.) Nakai

【来源地】龙岩市武平县

【农民认知】无须管理，可当饲料喂鱼或作为田间绿肥。

【利用价值】可作饲料和绿肥。其常与蓝藻中的项圈藻（鱼腥藻）共生，项圈藻能固定大气中的氮气，可以作为水稻的优良绿肥；也可全草利用作鱼类和家畜的饲料；也可提取有机化学原料。

【主要特征特性】生长于水田或池塘中，体小，多呈三角形、菱形或类圆形。个体很小，径约1cm，呈三角形、菱形或类圆形。根状茎细弱，横卧，羽状分枝，须根下垂到水中。叶细小如鳞片，肉质，在茎上排列成

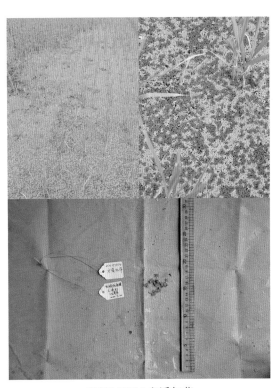

2021351334 文溪红萍

两行，互生；每一叶片都深裂成两瓣：上瓣肉质，浮在水面上，绿色，秋后变红色，能进行光合作用；下瓣膜质，斜生在水中，没有色素；孢子囊果成对生于分枝基部的沉水叶片上。常与有固氮作用的项圈藻共生，为优良的绿肥。红萍不仅是优良的绿肥植物，还可以在水面放养作家禽的饲料。但如果生长环境水流不畅，红萍会疯长，以致覆盖水面，严重影响其他水生动植物的生长，从而给维护生态环境增加成本。

（7）2017354076 假地豆

【种质名称】假地豆

【作物类别】假地豆

【分类】豆科山蚂蟥属

【学名】*Desmodium heterocarPon* (Linn.) DC.

【来源地】福州市罗源县

【农民认知】适应性好，可作为饲料或绿肥。

【利用价值】无特殊侵害，生长十余年长势不衰，再生力不减，枝叶同样茂盛，覆盖性好，是一种优良的饲料植物。除作饲用外，植于旱地田园地埂周围及易受侵蚀地段附近，既可作绿肥压青，又可保持水土，提高土壤肥力。

2017354076 假地豆

【主要特征特性】小灌木或亚灌木。高达1.5m，基部多分枝，多稍被糙伏毛；叶具3小叶；叶柄长1～2cm；顶生小叶椭圆形、长椭圆形或宽倒卵形，长2.5～6cm，侧生小叶较小，先端圆或纯，微凹，具短尖，基部钝，上面无毛，下面被贴伏白色短柔毛，侧脉5～10对；总状花序长2.5～7cm，花序梗密被淡黄色开展钩状毛；荚果密集，窄长圆形，长1.2～2cm。

（8）2017354066 糠稷

【种质名称】糠稷

【作物类别】糠稷

【分类】禾本科黍属

【学名】*Panicum bisulcatum* Thunb.

【来源地】福州市罗源县

【农民认知】适应性好，产量高，可作为动物饲草。

【利用价值】可作饲料或作为园林绿化

植物。

【主要特征特性】一年生草本。秆纤细，较坚硬，高0.5～1m，直立或基部伏地，节上可生根。叶鞘松弛，边缘被纤毛；叶舌膜质，长约0.5mm，顶端具纤毛；叶片质薄，狭披针形，长5～20cm、宽3～15mm，顶端渐尖，基部近圆形，几无毛。圆锥花序长15～30cm，分枝纤细，斜举或平展，无毛或粗糙；小穗椭圆形，长2～2.5mm，绿色或有时带紫色，具细柄。花果期9—11月。分布于我国东南部、南部、西南部和东北部；生于荒野潮湿处。

2017354066 糠稷

（9）2017354070 刺苋

【种质名称】刺苋
【作物类别】刺苋
【分类】苋科苋属
【学名】*Amaranthus tricolor* Linn.
【来源地】福州市罗源县
【农民认知】广适、抗病、抗虫，可作饲料喂猪。

【利用价值】全草可作畜禽饲料；嫩茎叶作野菜食用；全草也可供药用，有清热解毒、散血消肿的功效。

【主要特征特性】一年生草本。高30～100cm，茎直立，圆柱形或钝棱形，多分枝，有纵条纹，绿色或带紫色，无毛或稍有柔毛；叶片菱状卵形或卵状披针形，长3～12cm、宽1～5.5cm，顶端圆钝，

2017354070 刺苋

具微凸头，基部楔形，全缘，无毛或幼时沿叶脉稍有柔毛，叶腋有刺，且部分苞片变形成刺；叶柄长1～8cm，无毛，在其旁有2刺，刺长5～10mm；种子近球形，直径约1mm，黑色或带棕黑色。花果期7—11月。生在旷地或园圃中。

（10）2017354059 马㼎儿

【种质名称】马㼎儿
【作物类别】马㼎儿
【分类】葫芦科马㼎儿属
【学名】*Zehneria japonica*（Thunberg）H. Y. Liu

【来源地】福州市罗源县

【农民认知】适应性好，饲用。

【利用价值】为南方常见杂草，秋季果熟时悬于枝间，可用于小型棚架、栅栏等处绿化。全草可药用或作为动物饲草。

【主要特征特性】一年生蔓草。茎细；叶三角形或扁心脏形；花小，白色；果实近球形，种子灰白色，扁平。全草入药，为攀援或平卧草本。雌雄同株。茎、枝纤细，无毛；叶柄细，长2.5～3.5cm，顶端急尖或稀短渐尖，基部弯缺半圆形，边缘微波状或有疏齿，脉掌状；果柄纤细，果长圆形或窄卵形；种子卵形。

2017354059 马㼎儿

（11）2017351012 马蹄金

【种质名称】马蹄金

【作物类别】马蹄金

【分类】旋花科马蹄金属

【学名】*Dichondra repens* Forst.

【来源地】三明市明溪县

【农民认知】广适，作饲料用来喂养牲畜。

【利用价值】全草可作饲料；全草也可供药用，有清热利尿、祛风止痛、止血生肌、消炎解毒、杀虫之功效。

【主要特征特性】多年生匍匐小草本。茎细长，被灰色短柔毛，节上生根；叶肾形至圆形，直径4～25mm，先端宽圆形或微缺，基部阔心形，叶面微被毛，背面被贴生短柔毛，全缘；种子黄色至褐色，无毛。我国长江以南各地及台湾均有分布；生于海拔1 300～1 980m，山坡草地、路旁或沟边。

2017351012 马蹄金

（12）2017354078 铺地黍

【种质名称】铺地黍

【作物类别】铺地黍

【分类】禾本科黍属

【学名】*Panicum repens* Linn.

【来源地】福州市罗源县

【农民认知】适应性好、产量高，可作为牛羊等牲畜的饲草。

【利用价值】铺地黍茎叶没有刚毛，茎含汁液较多，略带甜味，适口性好，消化能较高，是牛、羊、马、兔、鹅喜食饲料。铺地黍在整个生育期，营养物质的含量都较好，高于热带或亚热带地区的许多禾本科牧草。在我国南方能保持常年青绿色，生长迅速，繁殖力特强，根系发达，亦可作高产牧草。全草入药有清热平肝、通淋利湿的作用。

【主要特征特性】多年生草本。根茎粗壮发达；秆直立，坚挺，高50～100cm；叶鞘光滑，边缘被纤毛；叶舌长约0.5mm，顶端被毛；叶片质硬，线形，长5～25cm、宽2.5～5mm，干时常内卷，呈锥形，顶端渐尖，上表皮粗糙或被毛，下表皮光滑；叶舌极短，膜质，顶端具长纤毛。花果期6—11月。

2017354078 铺地黍

分布于我国东南各地；生于海边、溪边以及潮湿之处。铺地黍繁殖力特强，根系发达，可为高产牧草，但亦是难除杂草之一。

（13）2017354046 青葙

【种质名称】青葙

【作物类别】青葙

【分类】苋科青葙属

【学名】*Celosia argentea* L.

【来源地】福州市罗源县

【农民认知】适应性好、抗病、抗虫，可作饲料喂猪。

【利用价值】全株可作饲料用。种子供药用，有清热明目作用；花序宿存经久不凋，可供观赏；种子炒熟后，可加工各种糖食；嫩茎叶浸去苦味后，可作野菜食用。

【主要特征特性】一年生草本。高0.3～1m，全体无毛；茎直立，有分

2017354046 青葙

枝，绿色或红色，具明显条纹；叶片矩圆披针形、披针形或披针状条形，少数卵状矩圆形，长5～8cm、宽1～3cm，绿色常带红色，顶端急尖或渐尖，具小芒尖，基部渐狭；叶柄长

2 ～ 15mm，或无叶柄；胞果卵形，长3 ～ 3.5mm，包裹在宿存花被片内；种子凸透镜状肾形，直径约1.5mm。花期5—8月，果期6—10月。生于平原、田边、丘陵、山坡。

（14）2018354013 酸模

【种质名称】酸模

【作物类别】酸模

【分类】蓼科酸模属

【学名】*Rumex acetosa* L.

【来源地】南平市武夷山市

【农民认知】适应性好，耐贫瘠性强。

【利用价值】全草供药用，有凉血、解毒之效；嫩茎、叶可作蔬菜及饲料。

【主要特征特性】多年生草本。根为须根；茎直立，高40 ～ 100cm，具深沟槽，通常不分枝；基生叶和茎下部叶箭形，长3 ～ 12cm、宽2 ～ 4cm，顶端急尖或圆钝，基部裂片急尖，全缘或微波状；叶柄长2 ～ 10cm；茎上部叶较小，具短叶柄或无柄；花序狭圆锥状，顶生，分枝稀疏，瘦果椭圆形，黑褐色，有光泽。花期5—7月，果期6—8月。

2018354013 酸模

（15）2017354102 细柄草

【种质名称】细柄草

【作物类别】细柄草

【分类】禾本科细柄草属

【学名】*Capillipedium parviflorum* (R. Br.) Stapf

【来源地】福州市罗源县

【农民认知】适应性好，产量高，可作饲草。

【利用价值】可作饲料。

【主要特征特性】多年生，簇生草本。秆直立或基部稍倾斜，高50 ～ 100cm，不分枝或具数直立、贴生的分枝；叶鞘无毛或有毛；叶舌干

2017354102 细柄草

膜质，长0.5 ～ 1mm，边缘具短纤毛；叶片线形，长15 ～ 30cm、宽3 ～ 8mm，顶端长渐尖，基部收窄，近圆形，两面无毛或被糙毛；圆锥花序长圆形，长7 ～ 10cm，近基部宽2 ～ 5cm，

分枝簇生，可具 1 ～ 2 回小枝，纤细光滑无毛，枝腋间具细柔毛，小枝为具 1 ～ 3 节的总状花序，总状花序轴节间与小穗柄长为无柄小穗之半，边缘具纤毛。花果期 8—12 月。

（16）2017354075 肖梵天花

【种质名称】肖梵天花

【作物类别】肖梵天花

【分类】锦葵科梵天花属

【学名】*Urena lobata* L.

【来源地】福州市罗源县

【农民认知】适应性好，作饲料或药用。

【利用价值】可作饲料；全株入药治腹泻痢疾以及风湿痹痛等。

【主要特征特性】小灌木。高 80cm，枝平铺，小枝被星状茸毛；叶下部生的轮廓为掌状 3 ～ 5 深裂，裂

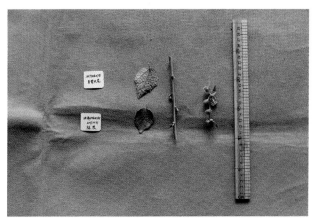

2017354075 肖梵天花

口深达中部以下，圆形而狭，长 1.5 ～ 6cm、宽 1 ～ 4cm，裂片菱形或倒卵形，呈葫芦状，先端钝，基部圆形至近心形，具锯齿，两面均被星状短硬毛，叶柄长 4 ～ 15mm，被茸毛；托叶钻形，长约 1.5mm，早落；花单生或近簇生，花梗长 2 ～ 3mm；小苞片长约 7mm，基部 1/3 处合生，疏被星状毛；萼短于小苞片或近等长，卵形，尖头，被星状毛；花冠淡红色，花瓣长 10 ～ 15mm；雄蕊柱无毛，与花瓣等长；果球形，直径约 6mm，具刺和长硬毛，刺端有倒钩，种子平滑无毛。花期 6—9 月。

（17）2017354043 长芒稗

【种质名称】长芒稗

【作物类别】长芒稗

【分类】禾本科稗属

【学名】*Echinochloa caudata* Roshev.

【来源地】福州市罗源县

【农民认知】适应性好，可作饲草。

【利用价值】长芒稗穗中采出的谷粒供食用或酿酒，其嫩株还可做饲草。

【主要特征特性】秆高 1 ～ 2m。叶鞘无毛或常有疣基毛（或毛脱落仅留疣基），或仅有粗糙毛或仅边缘有毛；叶舌缺；叶片线形，长 10 ～ 40cm、

2017354043 长芒稗

宽1～2cm，两面无毛，边缘增厚而粗糙；圆锥花序稍下垂，长10～25cm、宽1.5～4cm；主轴粗糙，具棱，疏被疣基长毛；分枝密集，常再分小枝；花柱基分离。花果期夏秋季。

（18）2017352071 紫云英

【种质名称】紫云英

【作物类别】紫云英

【分类】豆科黄耆属

【学名】*Astragalus sinicus* L.

【来源地】福州市闽侯县

【农民认知】品质较好，可食用，也可作绿肥、饲料。

【利用价值】现我国各地多栽培，为重要的绿肥作物和牲畜饲料，嫩梢亦供蔬食。

2017352071 紫云英

【主要特征特性】一般3月中旬初花，3月下旬盛花，4月底到5月上旬种子成熟，全生育期200d左右。茎粗5.1～5.5mm，分枝力中等，株高90～110cm；叶色较浓绿，花紫色、较浅，并有少数粉白色；总状花序，花序多数互生，少数轮生或对生，少数顶生花序；种子肾形，栗褐色，长约3mm。花期2—6月，果期3—7月。生于海拔400～3 000m间的山坡、溪边及潮湿处。